COUPE GÉOLOGIQUE

DES

ENVIRONS DES BAINS DE RENNES.

COUPE GÉOLOGIQUE

DES

ENVIRONS DES BAINS DE RENNES

(DÉPARTEMENT DE L'AUDE),

SUIVIE

DE LA DESCRIPTION DE QUELQUES FOSSILES DE CETTE LOCALITÉ,

PAR

A. D'ARCHIAC.

EXTRAIT DU BULLETIN DE LA SOCIÉTÉ GÉOLOGIQUE DE FRANCE,
2e série, t. XI, p. 185, séance du 23 janvier 1854.

PARIS,
IMPRIMERIE DE L. MARTINET,
RUE MIGNON, 2.
1854

COUPE GÉOLOGIQUE

DES

ENVIRONS DES BAINS DE RENNES.

INTRODUCTION.

Au mois d'octobre 1852, M. E. Dumortier nous adressa de Lyon une collection de fossiles qu'il avait recueillis non loin des Bains de Rennes situés au milieu du groupe montagneux dés Corbières. La liste des espèces qu'il avait déjà dressée prouvait qu'il aurait pu les faire connaître lui-même, et c'est à la modestie seule de notre confrère que nous devons d'être chargé de ce soin.

M. Dumortier avait exactement noté le point sur lequel il avait dirigé ses recherches, mais le temps lui ayant manqué pour déterminer la position géologique de la couche fossilifère, il restait à savoir à quelle formation elle appartenait, et quel était le véritable niveau qu'elle y occupait. Bien que parmi ces fossiles il y en eût déjà un certain nombre de connus, leur association dans une même couche, à l'exclusion de beaucoup d'autres, que l'on avait décrits comme provenant de ce pays, donnait à leur ensemble un caractère assez particulier, qui ne permettait pas de les mentionner au hasard et sans que leur gisement eût été géologiquement constaté. Les travaux antérieurs de MM. Dufrénoy, Vène, Rolland du Roquan, Leymerie, etc., ne nous ayant offert aucun éclaircissement à cet égard, nous dûmes y suppléer par un examen personnel.

Les environs de Rennes ont été souvent visités par des naturalistes, mais, faute d'une coupe stratigraphique assez détaillée, on a confondu, comme provenant d'une seule assise, des fossiles appartenant, en réalité, à des niveaux très différents et à des associations d'espèces également très distinctes. Nous ne prétendons point que la coupe ci-jointe (pl. I) doive être regardée comme un spécimen complet de la formation crétacée de ces montagnes, mais dans l'espace fort limité qu'elle comprend, elle suffit néanmoins, 1° pour bien caractériser divers horizons zoologiques et pétrographiques ; 2° pour établir la position relative de la couche fossilifère signalée par M. Dumortier ; 3° enfin, pour servir de point de départ et de terme de comparaison dans un travail plus étendu.

La succession des couches a été vérifiée des deux côtés de la rivière de la Sals, puis dans les montagnes et les vallées adjacentes, sur un assez grand nombre de points, pour ne nous laisser aucune incertitude, et nous atteindrons notre but, en ajoutant aux dessins de la planche ci-après, et particulièrement à celui de la figure 1, pl. I, un texte détaillé de la légende explicative qui les accompagne. Nous joindrons à la description pétrographique de chaque assise la liste des fossiles qu'on y a trouvés, et dont les espèces nouvelles ou imparfaitement connues seront décrites à la fin de cette notice.

Ces fossiles sont d'abord ceux que M. Dumortier nous avait envoyés, comme provenant d'une seule couche, puis ceux que nous avons recueillis nous-même dans les divers termes de la série, enfin, ceux que M. Michelin, qui a parcouru ce pays peu de temps après nous, a bien voulu nous communiquer. Ces derniers appartiennent aux assises 5 et 8.

Nous avions pensé à donner un profil en long de cette partie de la vallée de la Sals, mais les sinuosités du cours de la rivière, la disposition du sol, qui ne met pas toujours les couches bien à découvert, quelques accidents de stratification et des failles mal caractérisées joints au peu d'inclinaison des couches dans certains cas, en auraient rendu la construction assez compliquée et exigé un grand développement en longueur. Aussi avons-nous préféré projeter régulièrement les détails observés sur un plan vertical dirigé du S.-S.-O. au N.-N.-E., presque perpendiculairement à la direction des couches, et un peu oblique au cours de la Sals. Cette coupe (pl. I, fig. 1), partant de la crête rocheuse qui domine la métairie de Sourdon, vient aboutir, en passant à l'ouest des Bains de Rennes, aux montagnes de transition de la rive gauche de la Sals, à 1500 mètres environ au-dessous de cet établissement.

L'inclinaison générale de tout le système de couches qu'elle traverse est au S.-S.-O., et, sauf quelques exceptions locales, l'angle est d'autant plus grand, qu'on s'avance davantage vers le N. Au S., ou dans la partie gauche de la coupe, le plongement est à peine sensible; vers le milieu, il est, en moyenne, de 15° à 18°; au N., ou à droite, les strates secondaires, au contact des schistes de transition, inclinent de 45 à 50 degrés.

Dans la moitié nord de la coupe, l'épaisseur des assises, que les escarpements mettent à découvert, est assez constante; dans la moitié sud, au contraire, les assises, surtout les marnes panachées sableuses, les grès et les marnes bleues désignés sous les numéros 3, 4 et 5, augmentent très rapidement de puissance, à mesure qu'elles s'abaissent, et dénotent ainsi un changement survenu dans les conditions physiques environnantes après le dépôt du n° 6.

Pour que la coupe pût tenir dans un petit espace, nous avons doublé l'inclinaison des strates et augmenté leur épaisseur dans le même rapport, puis nous l'avons rapportée au niveau de la Sals supposé horizontal, ce qui offrait peu d'inconvénients pour une aussi petite distance. Les montagnes, qui bordent ce cours d'eau, ne s'élèvent point ici à plus de 200 ou 225 mètres au-dessus de son lit.

DESCRIPTION DES ASSISES.

1. *Calcaire compacte, rosâtre, noduleux.* — Cette roche, d'un rose clair ou blanchâtre, tachée de jaune, à cassure esquilleuse, renferme des nodules avellanaires d'un calcaire semblable, mais souvent de teinte plus foncée. Elle se délite très facilement en petits fragments. Son épaisseur ne dépasse pas 5 à 6 mètres, et nous n'y avons aperçu aucune trace de corps organisé reconnaissable. Elle constitue une crête fort étroite qui s'abaisse au S. sous un angle très faible, et dont l'extrémité nord et la face orientale offrent l'aspect d'une muraille ruinée. De cette crête isolée, qui domine la métairie de Sourdon et le hameau de Jandou, on découvre un vaste horizon, qui permet de juger de la disposition et des caractères qu'affectent ces mêmes calcaires au S.-O. vers Quillan, ainsi que de ceux des argiles sableuses rouges sous-jacentes, que l'œil peut suivre au N.-O., dans la vallée de l'Aude jusqu'au delà d'Alet.

2. *Grès à gros grains.* — Ces grès, peu épais et peu solides, sont placés entre les calcaires précédents et les argiles sableuses rouges. Nous y rapportons, quoique avec doute, à cause de leur niveau, en

apparence beaucoup plus bas, ceux qui forment un monticule au nord de la métairie de Sourdon (voyez fig. 1, 2 *a*), et qui reposent aussi sur les couches arénacées. Les éléments de ces roches, de grosseur et de formes variables, les font passer à un poudingue ou à une brèche calcaire à petits fragments. Si l'on continue à s'avancer au N., on trouve, faisant suite à cette butte, un petit plateau (fig. 1 et 4, 2 *a'*) composé de grès gris, schistoïdes, passant à un poudingue à petits noyaux de quartz et de roches anciennes, puis à une roche brun jaunâtre, formée de grains de quartz gris, roses ou blancs, avec de petits fragments de calcaire marneux jaune, et une certaine quantité de calcaire spathique disséminé. Des Orbitoïdes mal caractérisées, mais qui rappellent les *O. submedia* et *Fortisii* d'Arch. y sont très répandues.

3. *Argiles sableuses, rouge lie de vin et panachées.* — La composition de cette assise, qui prend une grande importance dans la partie occidentale des Corbières, est très uniforme sur toute sa hauteur, sauf quelques lits plus argileux ou plus sableux. Elle donne aux collines, dont elle constitue les pentes, un aspect particulier, non seulement par sa teinte rouge brique ou rouge violacée, mais encore par la régularité des talus, leur continuité, leur surface dénudée, ravinée et dépourvue de végétation. La puissance de ces argiles sableuses, d'abord assez faible au N., entre les grès précédents et ceux du n° 4 (pl. 1, fig. 4), augmente très rapidement au S., où elle semble atteindre jusqu'à 80 mètres.

4. *Grès blancs, gris ou ferrugineux.* — Ces grès quartzeux sont souvent blanchâtres ou jaunâtres, très micacés, friables, schistoïdes et renferment une assez grande quantité de kaolin, comme vers le haut du ravin de la Brèche. En cet endroit ils passent à un sable blanc à gros grain, puis à un grès sans solidité, également à gros grain, rose, panaché de blanc, auquel succèdent de nouvelles roches jaunes et solides. Ailleurs ils sont gris foncé, calcarifères, à grain très fin, à cassure esquilleuse; tels sont ceux qu'on exploite sur divers points. Dans le ravin précédent, on en observe vers le bas qui sont durs, jaunâtres et bleuâtres à l'intérieur. Leur cassure est droite, anguleuse, ou bien unie et très largement conchoïde. Quelquefois d'un rose vif, à gros grains, ou brun rougeâtre, ils offrent des empreintes de *Pecten* et de petites bivalves indéterminables.

Les bancs que constituent ces grès sont nombreux, réguliers, de $0^m,60$ à $1^m,50$ d'épaisseur. La puissance totale de l'assise augmente, à mesure qu'elle s'abaisse vers le S., et n'a pas moins de 100 mètres à la jonction de la Sals et du ruisseau qui descend de Sougraigne (1). En cet endroit où leur base disparaît sous le lit de la rivière, ils forment tous les escarpements des collines qui la bordent, puis ils se relèvent, en s'amincissant au N.-O., où leurs bancs supérieurs viennent couronner les montagnes jusqu'au-dessus des Bains de Rennes.

Dans les petites carrières situées en face du confluent de la Sals et du ruisseau de Sougraigne, comme au-dessous du moulin de Tifau, le grès est gris, homogène, peu dur, à grain très fin, uniforme, micacé, avec quelques points de kaolin, et ne fait aucune effervescence avec les acides. Contre le moulin même, les bancs inférieurs, qui reposent sur les marnes bleues, sont gris, durs, solides, un peu ferrugineux et micacés par place. Ils renferment des Alvéolines et des fossiles qui paraissent être les mêmes que ceux des marnes sous-jacentes, mais difficilement déterminables, puis des empreintes végétales ramifiées, que l'on rencontre d'ailleurs fréquemment dans d'autres couches.

C'est à la disposition des bancs les plus élevés de cette assise, que le paysage des environs des Bains de Rennes doit son caractère le plus prononcé. Ces bancs rompus, brisés, en partie altérés, découpés en blocs énormes, éboulés sur les pentes des montagnes ou restés en place à leur sommet, y affectent les formes les plus variées et les plus bizarres. Ce sont tantôt des espèces de dômes, tantôt, et plus ordinairement, des pinacles, des pyramides irrégulières, des murailles en ruines, des crêtes découpées et dentelées, qui font reconnaître de très loin le système de couches auquel ils appartiennent.

5. *Marnes bleues fossilifères*. — A la séparation de ces marnes et des grès, on observe fréquemment une alternance de plusieurs bancs de grès et d'argile schisteuse bleue. Les marnes sont d'une teinte grise ou gris bleuâtre, plus ou moins foncée ; elles sont plus ou moins solides, souvent schistoïdes, très pyriteuses par places, quelquefois sableuses, micacées, et passant à une sorte de grès noirâtre. Elles renferment des lits minces, discontinus, ou des rognons déprimés, à surface noduleuse et ferrugineuse, composés de grès calcarifère compacte, gris foncé, et d'argile brunâtre endurcie. On y trouve d'autres rognons déprimés de marne ferrugineuse brune, micacée, composés de douze à quinze zones

(1) Sur la carte de Cassini ce ruisseau porte aussi le nom de *Sals*, que nous réservons exclusivement au cours d'eau plus étendu, dont l'une des sources est sur le versant sud du pic de Bugarach, et l'autre à l'ouest, au-dessous de Paran.

minces concentriques, avec quelques fragments charbonneux. Quelques-uns plus compactes, brunâtres, pesants, paraissent contenir du fer carbonaté impur. Enfin, on y remarque aussi des lits de 2 à 8 centimètres seulement d'épaisseur, très réguliers, à surfaces noduleuses, composés d'un grès gris à grain fin et très tenace. La coupe fig. 2, prise au-dessus du confluent du ruisseau de Sougraigne avec la Sals, montre tout le fond de la vallée creusé dans les marnes bleues, recouvertes au S. par les grès du n° 4, et reposant au N. sur l'assise n° 6.

L'assise des marnes, d'une assez faible épaisseur vers le haut, atteint déjà près de 30 mètres dans le ravin de la Brèche, où sa constitution peut être bien observée, et elle augmente ensuite, comme les grès, en s'abaissant au S.-O. L'escarpement abrupte, qui borde la rive gauche de la Sals, et auquel est adossé le moulin de Tifau, à un kilomètre en amont des Bains de Rennes, montre, vers le bas, la superposition très nette des grès aux marnes bleues. C'est dans les premières couches marneuses qui succèdent aux grès que se trouvent les fossiles recueillis par M. Dumortier, par M. Michelin et par nous-même, et particulièrement dans le lit de la rivière, sur sa rive droite, à 100 mètres au-dessus du moulin, lorsque les eaux sont assez basses. Les coquilles et les polypiers, très fragiles, souvent calcinés, ne peuvent être obtenus en bon état qu'avec beaucoup de précaution. Malgré leur abondance, les individus complets sont assez rares, et le test de la plupart a éprouvé une altération très particulière, qui fait apparaître sa structure intime comme réticulée. On n'observe, d'ailleurs, les fossiles que sur une épaisseur de 1 mètre à $1^{m},50$, et tout le reste de la masse paraît en être dépourvu. Ces fossiles, souvent à l'état de moule, ou dont le test est souvent aussi en partie détruit, sont donc difficiles à bien déterminer spécifiquement; néanmoins, nous signalerons, sous toute réserve, les espèces suivantes, dont le nombre s'accroîtra sans doute beaucoup, lorsque cette couche aura été plus complétement étudiée sur les divers points où elle doit affleurer dans le pays.

Cyclolina Dufrenoyi, n. sp., pl. II, fig. 1.
Trochosmilia Dumortieri, n. sp., ib., fig. 2.
— *granifera*, n. sp., ib., fig. 3.
— *tifauensis*, n. sp., ib., fig. 4.
Rhabdophyllia salsensis,, n. sp., ib., fig. 5.
Cyclolites undulata, Blainv. (*Fungia* id., Gold.)
— *discoidea*, id., var. *corbierensis* (*C. corbariaca*, Mich.). Dans

ces échantillons, les bords sont plus minces, les cloisons plus fines et un peu plus flexueuses que dans ceux des autres localités, et de l'assise à échinodermes (n° 8).

Cyclolites numismalis? Lam., exemplaire fort incomplet.

Serpula amphisbœna, Gold.? Diamètre moindre que celui des échantillons de la craie marneuse du nord.

Teredo Deshayesi, n. sp., pl. VI, fig. 6.

Anatina royana, d'Orb.?

Poromya lata, Ed. Forb. (*Lyonsia* id., d'Orb.). Les moules de cette coquille ne s'éloignent pas non plus beaucoup de ceux de l'*Isocardia carantonensis*, d'Orb.

Crassatella regularis, d'Orb. De formes et de dimensions assez variables.

— *trapezoidalis*, Roem.? ou moule assez voisin.

Corbula striatula, Gold. (*C. substriatula*, d'Orb.). tab. nost., pl. IV, fig. 15.

— id., var. *a*, ib., fig. 14.

— indét.

Tellina fragilis, n. sp., pl. III, fig. 5.

— *Venei*, n. sp., ib., fig. 1.

Lucina subpisum, n. sp., ib., fig. 4.

— indét.; moule d'une petite espèce voisine de la précédente, mais plus haute.

Astarte similis, Munst., Gold. Cette coquille, de forme assez variable, devient quelquefois sub-pentagonale ou quadrilatérale. Ses caractères extérieurs sont identiques avec ceux donnés par Goldfuss, qui ne décrit point la charnière. Il indique, comme gisement, la craie d'Haldem, et, sans doute par erreur, le coral-rag de Nattheim.

Venus sublenticularis, n. sp., pl. IV, fig. 13.

Venus angulata, Sow.? Quoique de moindres dimensions que la coquille des Blackdowns, celle-ci ne paraît pas en différer sensiblement.

Cardium Itierianum, Math? L'état de notre seul échantillon et la figure assez mauvaise que donne M. Matheron, ne permettent pas une identification certaine.

— *Raulinianum*, d'Orb.? ou très voisin, autant que permet d'en juger l'altération du test.

— *Villeneuvianum*, Math. Même observation que pour le *C. Itierianum*.

— *subguttiferum*, n. sp., pl. III, fig. 3.

— *corbierense*, n. sp., ib., fig. 6.

Cardium atacense, n. sp., ib., fig. 7.

— indét., voisin du *C. Mailleanum*, d'Orb.

— indét., se rapprochant par sa forme et ses dimensions du *C. bimarginatum* d'Orb., mais dont les caractères extérieurs sont trop altérés pour qu'on puisse rien préciser à son égard.

Isocardia ataxensis, d'Orb. (*I. longirostris*, Roem.?)

— *pyrenaica*, id.

Arca Dumortieri, n. sp., pl. III, fig. 8.

— *Dufrenoyi*, n. sp., ib., fig. 9.

— indét., moule incomplet d'une espèce qui, quoique plus grande, rappelle l'*A. cylindrica*, Desh.

Nucula semilunaris de Buch, Reuss, an *N. producta*, Nils., fig. de Geinitz (non id. Reuss).? L'absence de bons échantillons d'une part, et de dessins suffisamment exacts et complets de l'autre, nous laisse des doutes sur l'identité de cette coquille avec celles dont nous la rapprochons.

— *Ramondi*, n. sp., pl. IV, fig. 16.

Mytilus? indét.; moule dont la forme et les dimensions rappellent le *Mytilus Matheroni*, d'Orb.

Lima ovata, Roem.

— indét. Grande espèce voisine des *L. clypeiformis* et *santonensis*, d'Orb.

Pecten quadricostatus, Sow., var. tab. nost., pl. III, fig. 10.

Spondylus spinosus, Sow.

Exogyra auricularis? Gold. (non id. Brong.); individu jeune.

— *spinosa*, Math.; individu jeune.

Ostrea, indét. Fragment d'un moule paraissant provenir de l'*O. vesicularis*, Lam.

Dentalium alternans, Müll.?

Bulla Palassoui, n. sp., pl. IV, fig. 1.

— *ovoides*, n. sp., ib., fig. 2.

— *Baylei*, n. sp., ib., fig. 9.

Natica lyrata, Sow., in Sedgw. et Murch., d'Orb., *Pal. franc.*

— *bulbiformis*, id., ib., d'Orb. La figure donnée dans la *Paléontologie française* ne rend pas exactement les caractères de cette espèce. Les individus des marnes bleues sont identiques avec ceux de Gosau, tels qu'ils sont représentés par Sowerby et par M. Zekeli. — Moule d'un individu très allongé ; tab. nost., pl. IV, fig. 12.

— *Requieniana*, d'Orb. La forme générale de cette coquille a été bien indiquée dans la *Paléontologie française*, mais il n'en est pas de même des détails. Nos échantillons sont aussi conformes à la figure de la *N. angulata*, Sow., de Gosau, telle qu'elle est représentée par M. Zekeli, laquelle diffère entièrement de celle qu'a figurée sous le même nom le paléontologiste anglais.

Natica Orbignyi, n. sp., pl. IV, fig. 11.

Ringicula Verneuili, n. sp., ib., fig. 3.

Tornatella Beaumonti, n. sp., ib., fig. 4.

— *Charpentieri*, n. sp., ib., fig. 5.

Trochus Lapeyrousei, n. sp., pl. IV, fig. 10.

Turbo? indét., très petite espèce ; peut-être l'état jeune du *T. arenosus*, Sow., in Sedgw. et Murch.

Turritella difficilis, d'Orb. ? fragment très incomplet.

— *Prevosti*, n. sp., pl. IV, fig. 6.

Chemnitzia, indét. Nous rapportons à ce genre un fragment de coquille à tours nombreux, plats, très étroits, ornés de côtes droites très rapprochées, qui rappelle le *C. mosensis*, d'Orb., mais dont les tours seraient de moitié moins haut.

Cerithium disjunctum, Gold. (*non C.* id., Sow., in Sedgw. et Murch.) ; *C. sejunctum*, Zek. (*Die Gasterop. d. Gosaugeb.*, p. 97, pl. 18, fig. 4, 5). L'état toujours très altéré du test ne laisse que rarement distinguer les stries granuleuses entre les rangées de tubercules épineux.

— *Barrandei*, n. sp., pl. IV, fig. 7, 8.

— indét. Forme générale et dimensions du *C. gallicum*, d'Orb.

Fusus cingulatus, Sow., tab. nost., pl. V, fig. 1.

— *Dumortieri*, n. sp., ib., fig. 3.

— *Leymeriei*, n. sp., ib.; fig. 2.

— *Humberti*, n. sp., ib. fig. 4.

— *salsensis*, n. sp.. ib., fig. 5.

— *Rollandi*, n. sp., ib., fig. 6.

— *Haimei*, n. sp., ib., fig. 7.

— id. var. *a*, ib., fig. 8.

—? *subrenauxianus*, ib., fig. 10.

Rostellaria pyrenaica, d'Orb., tab. nost., ib., fig. 9.

— *læviuscula*, Sow., tab. nost., pl. VI, fig. 2.

— *securifera*, Ed. Forb.. Le fragment que nous avons sous les yeux montre, de plus que celui de l'Inde figuré par M. Forbes, que les tours sont plus convexes et moins hauts que dans le *R. pyrenaica*, qu'ils étaient ornés de tubercules gros, émoussés, peu nombreux, et que la spire était moins élancée.

Rostellaria Nilssoni, Müll. ? Fragment ne montrant que le haut de la spire.

— *tifauensis*, n. sp., pl. VI, fig. 4.

— *corbierensis*, n. sp., ib., fig. 3.

Acteonella? lævis, d'Orb.?? très mauvais échantillon.

Nautilus, indét. — M. Dumortier a observé en place un fragment encore nacré d'un individu qui n'avait pas moins de 30 centimètres de diamètre. Le test est lisse et non ombiliqué.

Turrilites acuticostatus, d'Orb.?

Hamites plicatilis, Sow.?

Ammonites, indét., petite espèce voisine des *A. Durga* et *Cala*, Ed. Forb.

6. *Bancs minces de grès, de marnes et de psammites alternant.* — Cette assise complexe, de 16 à 18 mètres d'épaisseur totale, se voit sous les marnes bleues, à 400 mètres environ au sud des Bains, sur la rive gauche de la Sals, à la première maison isolée que l'on rencontre. Les bancs nombreux, qui la constituent, ont une inclinaison tout à fait exceptionnelle de 45° au S., et on peut les étudier beaucoup mieux en face, sur la rive droite, où ils forment un escarpement abrupte, coupé perpendiculairement à leur direction, par un coude que fait la rivière en cet endroit. On y observe :

	Mètres.
1. Grès gris, assez solides, divisés en plusieurs bancs. .	3 à 4
2. Grès gris solide, micacé, à grain moyen, avec quelques points noirs brillants, qui paraissent être du charbon ou du jayet. Les surfaces de ces bancs offrent des empreintes végétales qui peuvent être dues à des Fucoïdes.	0,30
3. Cinq bancs d'inégale épaisseur de grès micacé, jaune au dehors, gris à l'intérieur, renfermant par places de petits cailloux de quartz.	2
4. Lits minces de psammite gris micacé, dont les surfaces sont couvertes d'empreintes ramifiées (Fucoïdes?).	0,50
5. Grès gris taché de jaune.	0,50
6. Dix lits de psammite gris de 0m,4 à 0m,6 d'épaisseur. .	0,70
7. Trois lits de psammite gris semblable au précédent. . .	1
8. Grès gris micacé avec des nodules ferrugineux.	1
9. Deux bancs de grès, chacun de 1m,50, micacés, gris	

	Mètres.
jaunâtre, et bleuâtre à l'intérieur.	3
10. Psammite gris se divisant en dix lits d'égale épaisseur. .	1,50
11. Grès brun, micacé, à grain fin, gris à l'intérieur. . . .	0,70
12. Grès et marnes schisteuses alternant.	2,50

Peut-être la source dite du *Cercle* se rattache-t-elle à la dislocation qui a particulièrement redressé ces bancs.

7. *Calcaires et marnes grises.* — A la série précédente succèdent des calcaires, des grès calcarifères et des marnes grises, de 10 à 12 mètres d'épaisseur totale, et qui sont bien à découvert dans le chemin de Quillan, qui monte rapidement à droite, immédiatement à la sortie du village des Bains.

8. *Calcaires bruns ou jaunâtres à échinodermes.* — Nous avons d'abord observé ces calcaires marneux, noduleux, quelquefois gris, compactes, à cassure finement esquilleuse, dans la coupe de la vallée du ruisseau de Sougraigne (fig. 2), près de la Borde Nove, lorsqu'on quitte le chemin pour remonter à gauche un ravin profond, qui descend des montagnes situées au nord. Ces calcaires, qui alternent avec des marnes endurcies de même couleur, sont le gisement principal des fossiles si connus dans les collections, et, en particulier, des échinodermes. Leur épaisseur, assez variable, est d'environ 5 mètres. En suivant l'affleurement des couches à l'O.-N.-O., on les retrouve au-dessus du village des Bains, sur la rive doite de la Sals (fig. 3), et en face, sur le petit plateau, qui borde la rive gauche, et auquel est adossée l'autre portion du village. M. Michelin les a observées au delà dans cette direction, à la montagne de Blanchefort, sur le chemin de Quillan, et en deçà du côté de Sougraigne, d'où proviennent les fossiles qu'il nous a communiqués. La constance de cette assise et des corps organisés qu'elle renferme la rend pour le géologue un horizon non moins précieux que celui des marnes bleues. Les fossiles que nous y connaissons sont, outre un certain nombre de polypiers :

Cyclolites discoidea, Blainv.; *Fungia*, id., Gold.

Pachygyra labyrinthica, Miln. Edw. et J. Haime (*Lobophyllia*, id., Mich.)

Montlivaltia hippuritiformis, M. Edw. et J. Haime (*Turbinolia*, id., Mich.).

Echinocorys ovata, Leske, *Ananchites ovata*, *striata* et *conoidea*, Lam. Les échantillons de cette assise appartiennent à la variété un peu élevée et sub-prismatique qu'on trouve à Vernon (Eure) et à Brighton (Angleterre).

Micraster brevis, Des., de formes et de dimensions très variables. Les échantillons de cette localité se rapportent bien pour la plupart aux figures qu'en a données Goldfuss sous le nom de *Spatangus gibbus*, mais quelques uns affectent des formes un peu différentes. Tantôt ils sont plus hauts par rapport à la largeur, tantôt un peu aplatis, plus larges que longs, et ayant la région sous-anale tronquée obliquement.

— *distinctus*, Ag.

— *Matheroni*, Des.

Holaster latissimus, Ag. ? ou espèce assez voisine, autant que le mauvais état de l'échantillon permet d'en juger; il en différerait cependant par l'absence de carènes latérales à l'ambulacre antérieur.

Cyprina Boissyi, n. sp., pl. VI, fig. 5.

Venus? indét.

— ? indét.

Cardium productum, Sow. ?

— *Mailleanum*, d'Orb. Moule lisse, sans impressions musculaires apparentes, et du double plus grand que la coquille représentée dans la *Paléontologie française.*

Isocardia ataxensis, d'Orb. ?

Lima, indét. Échantillon très fruste, voisin des *L. Cottaldina*, d'Orb., *parallela*, id., et mieux de la *L. Renauxiana*, Math.

Pecten quadricostatus, Sow.

— indét. Fragment d'une petite espèce qui rappelle au premier aspect les *P. virgatus*, Nils., *arcuatus*, Sow., *divaricatus*, Reuss., etc., mais qui en diffère essentiellement par ses plis squameux et l'absence de ponctuations dans les sillons qui les séparent.

Chama, indét., voisine de la *C. semi-plana*, Roem.

Spondylus spinosus, Sow. Quelques individus se rapprochent du *S. duplicatus*, Gold.

Ostrea, indét. Fragment se rapportant à l'*O. frons*, Park., ou à l'*O. Milletiana*, d'Orb.

Terebratula difformis, Lam. (*T. deformis*, Defr.), *apud* d'Orbigny.

Solarium quadratum, Sow. ?

Pleurotomaria perspectiva, id.

— *Michelini*, n. sp., pl. VI, fig. 1.

Cerithium rennense, n. sp., ib., fig. 3.

Acteonella? indét. Moule très imparfait.

Nautilus, indét. Moule très déformé, de la taille du *N. Archiacianus*, d'Orb., dont il présente le système de stries, mais qui est peut-être plus voisin du *N. Fleuriausianus*, id.

Ammonites, indét., portion de moule très déformé, voisin des *A. Carolinus*, d'Orb., *rhotomagensis*, Defr., et *texanus*, Ferd. Roem.

— indét., espèce voisine de l'*A. latidorsatus*, Mich.

— indét., espèce voisine des *A. Pailletteanus* et *Dutempleanus*, d'Orb.

— indét., espèce qui, par ses rapports avec le groupe des *annulati*, diffère de toutes celles que nous connaissons dans la craie.

Ces fragments de moules de coquilles céphalopodes sont rares, fort incomplets, plus ou moins déformés, et il serait hasardé de leur assigner, quant à présent, des noms spécifiques.

9. *Calcaire jaune solide.* — Aux couches à échinodermes succède un calcaire d'une teinte jaune, d'une certaine consistance, se divisant quelquefois en plusieurs bancs. Les uns sont noduleux, très durs, les autres d'un brun foncé. Leur épaisseur totale, dans les escarpements qui bordent la Sals des deux côtés des Bains, est de 6 à 7 mètres (fig. 3 et 5). Nous n'y avons pas observé de fossiles déterminables.

10. *Poudingue calcaire à noyaux de quartz.* — Dans le même escarpement de la rive droite, au-dessus du village (fig. 3), les calcaires jaunes et bruns, noduleux, sont séparés des bancs à rudistes par un poudingue à pâte calcaire, enveloppant des nodules de quartz blanc, gris, rosâtre ou passant à la lydienne. Son épaisseur est de 3 à 4 mètres.

11. *Calcaires à rudistes.* — Les bancs que caractérisent particulièrement les Hippurites et les Sphérulites, sont des calcaires souvent sableux, gris jaunâtre ou brunâtre, solides, assez épais, alternant avec des marnes grises, sableuses et schisteuses. On les observe dans la coupe de la vallée de Sougraigne (fig. 2), dans celle de la rive droite de la Sals au village des Bains (fig. 3), et, en face, dans l'escarpement qui borde la route, immédiatement contre la dernière maison (fig. 5). Sur ce dernier point, la roche est un grès calcarifère, bleuâtre et très dur. Les rudistes, qui y sont enveloppés, ne peuvent en être détachés, et ne se reconnaissent que dans la cassure. La puissance totale de cette assise est d'environ 4 mètres. Les espèces qu'on y trouve le plus fréquemment, surtout au lieu dit la *Montagne des Cornes* à l'est des Bains, non loin

du hameau de Montferrand, sont : *Spherulites rotularis* et *ventricosa*, Des Moul., *Hippurites dilatata*, Defr., *H. bioculata*, Lam., *H. canaliculata*, Roll., *H. sulcata*, Defr., *H. organisans*, Montf.

12. *Grès calcarifère jaunâtre.* — Cette assise, que l'on voit sous la précédente des deux côtés de la Sals, a de 2 à 3 mètres d'épaisseur (fig. 3 et 5).

13. *Marnes grises et calcaires alternant.* — Des marnes schistoïdes et des calcaires sableux, ou des grès calcarifères en lits minces, subordonnés aux marnes, succèdent au grès jaune, en face des remises de l'*Hôtel du Bain fort*. Cette assise, qui s'élève à 5 mètres au-dessus du niveau de la route, est arquée comme celle qu'elle supporte (fig. 5), et plonge ensuite au N. Elle renferme des nodules ferrugineux, et nous y avons trouvé un moule de Trigonie qui rappelle la *T. scabra*. Elle constitue la base de l'escarpement de la rive droite, qui supporte les maisons de cette partie du village, puis les bords et le lit rocheux de la Sals en cet endroit, ainsi que sous le pont. C'est de cette assise et de la précédente que sourdent les eaux thermales du *Bain fort* et du *Bain de la Reine*, probablement en rapport avec quelques fentes qui se rattachent à la flexion des couches qu'on observe sur ce point.

14, 15? — L'ensemble des assises dont on vient de parler est coupé obliquement dans l'escarpement abrupte qui borde la route après le tournant. On y observe des bancs épais de calcaires durs, gris ou jaunâtres, séparés par des marnes jaunes, et plongeant de 15° à l'O. Dans ces calcaires également noduleux et bleus à l'intérieur, nous n'avons trouvé de fossile déterminable que l'*Hemiaster Desori*, n. sp. Le plongement continue à l'O. jusqu'au ravin qui précède l'établissement des *Bains Doux*, et où une brisure des couches a fait affleurer, sous les grès, un psammite micacé, bleuâtre rempli d'empreintes charbonneuses.

A partir du bâtiment des bains, derrière lequel se relèvent des calcaires gris jaunâtres noduleux et les grès jaunes, on voit alterner des calcaires marneux et des marnes. Nous avons réuni les numéros 14 et 15 par une accolade suivie d'un point ?, parce qu'il se pourrait que, par suite de la courbure des strates, que nous avons signalée entre le village et le premier tournant de la route et de la brisure qui se trouve au second, nous n'ayons encore ici que le prolongement, sous un aspect pétrographique un peu différent, de ceux qui plongent au S., immédiatement à la sortie du village. L'arrivée des eaux thermales est sans doute ici, comme précédemment, due à une fissure des strates en rapport avec la faille dont nous avons parlé.

16. *Série de grès jaunâtres, gris, rougeâtres, micacés, de psammites, de calcaires et de marnes.* — Nous comprenons sous ce titre la succession des bancs que l'on observe dans les escerpements qui bordent la route et la rive gauche de la Sals, à partir de l'établissement des *Bains Doux*. Ce sont d'abord les calcaires marneux gris et les marnes alternant, puis des bancs épais de grès jaunâtre, des psammites argileux gris, des grès micacés rougeâtres, imparfaitement feuilletés, d'autres psammites gris; des calcaires bruns, de nouveaux psammites gris ou jaunâtres, des marnes grises, un second banc de grès calcarifère jaunâtre, auquel succèdent des marnes, des psammites friables, des grès calcarifères jaunâtres, semblables au précédent, et alternant encore avec des psammites grisâtres.

Les deux tournants de la route taillée dans ces couches montrent celles-ci coupées obliquement, et plongeant au S.-O. Un calcaire grésiforme, gris, noduleux et marneux, de 7 à 8 mètres d'épaisseur, se voit dans le ravin qui aboutit au ponceau. Il est à 5 mètres au-dessus du niveau de la route, et les fossiles qu'il renferme sont peu déterminables. Au delà, les assises suivantes se relèvent avec un pendage de plus en plus prononcé au S.-S.-O.

17. *Grès jaunâtre.*

18. *Lit de psammite bleu, micacé.*

19. *Grès.*

20. *Calcaire marneux compacte, noduleux.* — Il est très tenace, à cassure finement esquilleuse, gris au dehors, bleuâtre à l'intérieur, d'une épaisseur totale de 2 mètres (fig. 6). Nous y avons trouvé les fossiles suivants : *Serpula*, *Lima*, petite espèce voisine des *L. cenomanensis*, d'Orb., et *granosa*, Gold.; *Pecten quinquecostatus*, Sow. ; *P. quadricostatus*, var.? (diffère du type en ce qu'une des trois côtes intermédiaires est toujours beaucoup plus petite que les deux autres). *Exogyra columba*, Gold., var. *minor*, *E. flabellata*, Gold., var. *Boussingaulti*, d'Orb., *E. Couloni?* var. étroite, d'Orb. *Ostrea carinata*, Lam., *Caprinella triangularis*, d'Orb.

21. *Grès quartzeux jaunâtre.* — Ce grès, à grain plus ou moins fin, de 4^{m},50 d'épaisseur, forme une saillie très prononcée dans le lit même de la rivière, et se suit très distinctement de chaque côté dans les escarpements qui la bordent (fig. 6).

22. *Calcaire gris et brun avec Alvéolines.* — Cette assise, de 1^{m},50 d'épaisseur, présente une structure schistoïde. La roche est d'abord grise, à cassure anguleuse, et pétrie de fragments d'ostracées, puis elle devient brune, impure, à cassure inégale, renfermant de petites Alvéolines globuleuses, différentes de celles que

nous avons mentionnées à la base du grès n° 4. Par places, la roche se délite en sphéroïde ou en cylindres irréguliers.

23. *Calcaire en plaquettes, impur, gris brunâtre.* — La roche est composée de fragments de coquilles et de polypiers calcinés indéterminables, reliés par un ciment de calcaire marneux. Elle est terreuse, brunâtre et repose directement sur le terrain de transition (fig. 6).

24. *Schistes de transition.* — Roches gris bleuâtre ou noirâtre.

La surface de contact des deux terrains, de chaque côté de la rivière, est très régulière ou faiblement ondulée. Son inclinaison est de 45°, et les deux stratifications sont complétement discordantes. Si l'on gravit la montagne qui borde la rive droite, précisément au-dessus de ce point, on reconnaît, en atteignant le sentier qui la longe à mi-côte, à 80 mètres environ au-dessus du lit de la Sals, que les couches à Alvéolines n'y existent plus. Le banc de grès (n° 21) se trouve alors en contact immédiat avec les schistes, et au-dessus de lui règnent, comme vers le bas, les marnes à *Exogyra columba*, etc.

RÉSUMÉ.

Après avoir indiqué la disposition générale des diverses assises comprises dans cette coupe des environs des Bains de Rennes, les caractères pétrographiques et les accidents particuliers de chacune d'elles, enfin les corps organisés que nous y avons rencontrés, il nous reste à présenter quelques remarques sur l'association et la répartition de ces derniers.

Si nous négligeons ici, comme nous offrant peu de données paléontologiques, les assises 1, 2 et 3, qui n'importent pas absolument à notre sujet, nous verrons que la grande assise des grès (n° 4) n'a également que peu d'intérêt sous ce rapport, et les fossiles que nous avons observés à sa base, près du contact des marnes bleues, peuvent aussi bien provenir originairement de celles-ci que d'animaux qui auraient continué à vivre encore quelque temps, pour cesser peu après. Quoi qu'il en soit, les assises 1 à 5 ont des caractères pétrographiques tellement tranchés et différents les uns des autres, et tellement constants dans tout le pays, que, la dernière fût-elle entièrement dépourvue de débris organiques, les formes orographiques et les accidents du sol suffiraient seuls pour les séparer au point de vue exclusivement géologique, ces différences dénotant sans aucun doute des circonstances également variées dans les conditions sous lesquelles les dépôts se sont formés.

La partie supérieure des marnes bleues nous offre un premier horizon paléontologique bien caractérisé et fort important. En effet, de 84 espèces, qui y ont été recueillies sur un seul point (1 rhizopode, 7 polypiers, 1 annélide, 37 conchifères, 34 gastéropodes, 4 céphalopodes), nous avons pu en caractériser 71, et 13 sont restées indéterminées par suite du mauvais état des échantillons. Des 71 espèces déterminées, 35 étaient déjà connues et 36 ou la moitié sont signalées comme nouvelles. 5 déjà décrites étant propres à la localité qui nous occupe, il n'en reste ainsi que 30 dont nous ayons à rechercher le gisement dans d'autres pays.

On pouvait s'attendre à trouver la plus grande somme d'analogies avec quelque assise crétacée du midi de la France, soit au S.-E., soit au S.-O. Mais loin de là, c'est sur le versant nord des Alpes, c'est dans la craie de la vallée de Gosau et d'autres localités voisines du Salzbourg, que nous rencontrons 9 espèces identiques avec celles des marnes bleues du moulin Tifau (*Cyclolites discoidea*, *C. undulata*, *Natica lyrata*, *N. bulbiformis*, *N. Requieniana* (*N. angulata*, Zek.), *Cerithium disjunctum*, *Fusus cingulatus*, *Rostellaria læviuscula*, *Acteonella lævis*), et ce qui est digne de remarque, c'est qu'à l'exception de la dernière, ces espèces sont très abondantes de part et d'autre. 3 autres espèces, propres aux marnes bleues, et très répandues aussi (*Rostellaria pyrenaica*, *Cerithium Barrandei*, *Turritella Prevosti*) ont la plus grande ressemblance avec des formes de ces mêmes Alpes septentrionales (*Rostellaria granulata*, *Cerithium pustulosum*, *Turritella Fittonana*). Enfin, le *Fusus Dumortieri* ne paraît être qu'une déviation de forme du *F. cingulatus*, dont il reproduit tous les ornements avec une singulière fidélité.

6 espèces (*Cyclolites undulata*, *Cardium Itierianum*, *C. Villeneuvianum*, *Lima ovata*, *Exogyra spinosa*, *Turritella difficilis*) se montrent dans les assises crétacées supérieures des départements des Bouches-du-Rhône et du Var) (les Martigues, le plan d'Aups, le Bausset, etc.). 4 (*Natica lyrata*, *N. Requieniana*, *Turritella difficilis*, *Acteonella lævis*), dont 3 existent aussi à Gosan, se trouvent dans les sables et grès d'Uchaux (Vaucluse). De plus, la *Turritella Prevosti* est extrêmement voisine de la *T. uchauxiana*. 3 espèces (*Corbula striatula*, *Dentalium alternans*, *Rostellaria Nilssoni*) appartiennent aux couches des environs d'Aix-la-Chapelle, où le *Rostellaria granulosa* et les *Fusus Decheni* et *Noeggerathi* pourraient

être aussi regardés comme y représentant le *Rostellaria læviuscula* et nos *Fusus Leymerici* et *corbierensis*. 5 autres (*Crassatella trapezoidalis*, *Astarte similis*, *Isocardia ataxensis*, *Nucula semilunaris*, *Lima ovata*) ont été citées çà et là dans le nord et le centre de l'Allemagne, dans les étages du *pläner* (Strehlen, Haldem, Kieslingswalda, Ilsburg, Alfeld, etc.) ; 3 dans le premier étage de la craie tuffeau (*Serpula amphisbæna*, *Hamites plicatilis* et *Pecten quadricostatus*) ; cette dernière remonte dans le premier groupe où existe également le *Spondylus spinosus*. 1 forme aurait son analogue dans le gault (*Cardium Raulinianum*), 1 dans le grès vert des Blackdowns (*Venus angulata*), 1 dans le premier étage ou craie jaune du sud-ouest (*Anatina Royana*), enfin, 2 sont représentées à une immense distance de ces points, dans les lambeaux crétacés de la presqu'île occidentale de l'Inde. Ce sont la *Poromya lata* et le *Rostellaria securifera*. L'*Arthemis lenticularis* pourrait encore être représentée par la *Venus sublenticularis*, très abondante dans les marnes bleues.

Des 71 espèces déterminées, 4 seulement (*Cyclolites discoidea*, *Isocardia ataxensis*, *Pecten quadricostatus* et *Spondylus spinosus*) ont été signalées dans les couches crétacées plus anciennes du même pays.

Ainsi, la presque totalité des fossiles connus dans cette cinquième assise appartient au groupe crétacé supérieur et au premier étage du second, ou de la craie tuffeau ; mais le manque d'espèces bien caractéristiques ne permet pas de préciser, quant à présent, le synchronisme de cette assise avec un niveau bien déterminé dans d'autres parties de la France, car les analogies les plus prononcées ne se montrent qu'avec des localités fort éloignées géographiquement. Si l'on considère, en outre, qu'au milieu de cette faune, il y a jusqu'à présent absence complète d'échinodermes, de bryozoaires, de rudistes, de brachiopodes (1) et d'Inocérames, une très grande rareté de céphalopodes, et surtout d'ostracées, dont nous n'avons vu qu'un échantillon de chacune des espèces douteuses que nous avons citées, tandis que les conchifères et les gastéropodes sont à peu près en même nombre, on en conclura que les marnes bleues se sont déposées sous l'influence de causes

(1) L'absence ou l'extrême rareté des brachiopodes dans la plupart des derniers dépôts crétacés, est un caractère négatif qui s'observe très fréquemment aussi dans les premiers dépôts tertiaires et qui rattache encore l'une à l'autre ces faunes qui se sont immédiatement succédé.

physiques localés, entièrement différentes de celles qui présidaient, dans le même temps, à la formation des sédiments crétacés de l'ouest de la France. Ces causes étaient, au contraire, assez analogues à celles de régions fort distinctes, situées particulièrement vers le N.-E. (1).

Les couches à échinodermes (n° 8) nous offrent un autre niveau paléontologique non moins intéressant que le précédent. Des 31 espèces que nous y avons signalées et dont le nombre augmentera certainement beaucoup par des recherches suivies, on voit que 16 espèces étaient déjà connues, que 3 ont été décrites comme nouvelles, et que 12 sont restées indéterminées. Des 16 connues, 1 *Echinocorys*, 1 *Pecten*, et 1 *Spondylus*, appartiendraient seuls à l'étage de la craie blanche; 1 Cyclolite est de la craie de Gosau, et les autres sont propres aux Corbières, ou bien représentent des formes particulières aux deux étages supérieurs du groupe de la craie tuffeau, ce qui permettrait de placer cette assise en parallèle avec le second étage du sud-ouest de la France. Comme dans les marnes bleues, les Inocérames manquent dans les calcaires à échinodermes; les brachiopodes et les ostracées y sont rares; les céphalopodes un peu plus répandus. On a vu que jusqu'à présent 4 espèces seulement étaient communes à ces deux niveaux que séparent les assises 6 et 7.

Les calcaires à rudistes, qui viennent ensuite, nous représenteraient également l'assise supérieure du troisième étage de la zone sud-ouest, cette grande bande de calcaires blancs ou jaunes qui traverse les départements de la Dordogne, de la Charente et de la Charente-Inférieure, et qui acquiert une bien autre extension à l'est, dans l'Europe orientale et méridionale et dans les parties adjacentes de l'Asie (2).

Les assises, qui viennent au-dessous, seraient parallèles à celles qu'on observe encore dans le sud-ouest, entre les rudistes précédents et le quatrième étage, et ce dernier se trouverait représenté, quoique sur une moindre épaisseur, dans les Corbières, par les couches avec *Exogyra columba*, var., *E. flabellata*, var. *Boussin-*

(1) Voyez, pour l'âge des couches crétacées des environs d'Aix-la-Chapelle, *Histoire des progrès de la géologie*, vol. IV, p. 152; pour celles de la Provence, *ib.*, p. 483 et 519; pour celles du Salzbourg, *ib.*, vol. V, p. 129; pour celles du nord et du centre de l'Allemagne, *ib.*, p. 194-312; enfin, pour celles de l'Inde, *ib.*, p. 414

(2) Voyez, pour l'étendue et la constance de cette zone de rudistes, ou assise supérieure du troisième étage de la craie tuffeau : *Histoire des progrès de la géologie*, vol. V, le *Tableau* p. 610 *bis*.

gaulti, *Pecten quinquecostatus*, *Ostrea carinata* et *Caprinella triangularis*. La présence de cette dernière coquille si caractéristique, citée pour la première fois dans les Corbières, rend l'analogie frappante, et ce qui ajoute encore à l'identité des rapports, c'est l'existence d'une couche à Alvéolines précisément à la base de la formation sur l'un et l'autre point.

Ainsi des quatre principaux horizons paléontologiques que nous a offerts cette coupe des environs de Rennes, trois peuvent être regardés comme ayant leurs représentants dans les trois étages inférieurs du Périgord, de l'Angoumois et de la Saintonge, dont le second et le quatrième sont aussi représentés en Espagne, sur le côté opposé de cet ancien golfe, mais la quatrième ou dernière faune n'a ici aucune analogie avec celle de l'étage supérieur du sud-ouest ou des calcaires jaunes de cette région, et elle n'a pas été constatée, non plus que cette dernière, par M. de Verneuil, dans le Guipuscoa, la Biscaye, la province de Santander et les Asturies. Un caractère essentiel cependant commun à ces trois régions, c'est que toutes les couches crétacées y sont postérieures à la période du gault.

Il semble donc que ce fut avec les marnes bleues que se manifestèrent, dans les sédiments comme dans les corps organisés, des différences très profondes, non seulement avec les dépôts crétacés des régions voisines, mais encore avec ceux qui les avaient immédiatement précédées sur les mêmes lieux. Ces différences se traduisent également dans la stratification, car la relation si intime, qui existe entre toutes les assises, depuis celles qui reposent sur le terrain de transition jusqu'au n° 6, cesse ensuite avec les marnes du n° 5, qui ne se séparent pas moins nettement des grès (n° 4) que ceux-ci des argiles sableuses (n° 3), des grès (n° 2), et des calcaires roses compactes (n° 1) qui terminent notre coupe vers le haut.

DESCRIPTION

DE

QUELQUES FOSSILES NOUVEAUX OU IMPARFAITEMENT CONNUS

DES

ENVIRONS DES BAINS DE RENNES (1).

ASSISE DES MARNES BLEUES (N° 5).

RHIZOPODES (2).

CYCLOLINA DUFRENOYI, nov. sp., pl. II, fig. 1 *a*, *b*, *c*, *d*.

Corps discoïde, excessivement mince, équilatéral? Plan ou présentant seulement au centre une légère saillie oblongue. Les deux faces marquées de faibles bourrelets circulaires, concentriques, au nombre de cinquante environ dans les grands individus, et qui correspondent intérieurement à des cavités étroites, également circulaires et concentriques.

Le microscope montre sur ces bourrelets des côtes égales, très fines et très serrées, normales à la courbe, et qui se continuent depuis les cercles du centre ou ceux qui l'avoisinent jusqu'à la circonférence du disque, sans s'interrompre dans les sillons délicats qui séparent les bourrelets. La hauteur des diverses cavités concentriques varie très peu; cependant elle augmente graduellement de dedans en dehors. Des coupes verticales font voir que, dans nos échantillons, le tissu intérieur a disparu, tandis que les espaces vides se sont remplis. Des cloisons droites partageaient les cavités circulaires en un grand nombre de petites loges; elles étaient serrées, équidistantes et épaissies inférieurement; leur direction est la même que celle des côtes extérieures, mais elles sont bien moins rapprochées. On ne voit pas bien comment les loges communiquaient entre elles et avec le dehors.

L'individu représenté a 22 millimètres de diamètre, et son

(1) La plus grande partie des frais de lithographie occasionnés par les planches de fossiles a été payée par M. Dumortier et le reste par l'auteur.

(2) Nous devons la détermination et la description des rhizopodes, des polypiers et des échinodermes à l'obligeante et savante collaboration de M. Jules Haime.

épaisseur ne dépasse pas 1/5 ou 1/4 de millimètre. Les autres échantillons observés sont généralement plus petits, sans être plus minces; quelques uns sont légèrement oblongs, et il n'est pas rare d'en rencontrer où les cercles concentriques sont interrompus, suivant des lignes obliques, plus ou moins longues et qui s'unissent sous divers angles.

Explication des figures. — Planche II, fig. 1. — *a*. Grand exemplaire, de grandeur naturelle, vu par une de ses faces. — *b*. Portion de la surface grossie 25 fois. — *c*. Portion d'une coupe verticale où les espaces vides représentent les cloisons absentes, grossie 25 fois. — *d*. Portion d'une coupe transversale de l'un des tours concentriques, grossie 25 fois.

Observations. — Le genre *Cyclolina* a été établi par M. Alc. d'Orbigny pour un fossile de l'île Madame (Charente-Inférieure), auquel il donna le nom spécifique de *cretacea* (1). Il signala sur son bord circulaire de très petits pores ronds, et, à en juger par le dessin qui accompagne sa description, il considéra les espaces concentriques internes comme n'étant point divisés par des cloisons verticales. Ce corps différerait de celui des Bains de Rennes par une saillie centrale arrondie, et par les cercles concentriques extérieurs, qui sont étroits au centre, un peu plus élevés au-delà, puis rétrécis de nouveau, et enfin élargis près du bord.

Plus récemment, M. H. J. Carter (2) a enrichi ce genre d'une nouvelle espèce, la *Cyclolina pedunculata*, trouvée par lui dans le Sinde, et qui diffère des deux précédentes par ses bords renflés, et en ce que les cercles de la partie moyenne du disque sont beaucoup plus élevés que ceux de la circonférence; en outre, la saillie centrale paraît n'exister que d'un côté.

POLYPIERS.

TROCHOSMILIA DUMORTIERI, n. sp., pl. II, fig. 2 *a*, *b*, *c*.

Polypier comprimé, sub-pédicellé, plus large que haut. Base légèrement et un peu obliquement courbée dans le sens du grand axe. Bourrelets d'accroissement peu nombreux et bien prononcés; la moitié supérieure partagée en trois lobes arrondis par des sillons assez profonds. Les côtes, très délicates et finement

(1) *Foraminifères du bassin tertiaire de Vienne*, p. 139, pl. 21, fig. 22-25. 1846.

(2) *Journal of the Bombay branch of the Royal asiatic Society*, t. V, p. 140, pl. 2, fig. 42 et 43. Juillet 1853.

granulées, sont distinctes depuis la base, très serrées, presque droites, inégales de quatre en quatre, les plus fortes devenant cristiformes sur les bourrelets d'accroissement et près des bords du calice. Dans les grands individus (fig. 2 *c*) leur nombre total est de 384, et correspond conséquemment à sept cycles septaux complets. Calice oblong, irrégulier, à bords sinueux ; son grand axe presque triple du petit. Les cloisons des cinq premiers cycles sont seules bien développées; elles sont minces, débordantes, finement granulées sur leurs faces. Celles des trois premiers cycles subégales, plus grandes que celles du quatrième, et surtout que celles du cinquième. La fossette calicinale est très étroite et peu profonde. Les grands exemplaires ont 4 à 5 centimètres de haut et 6 à 7 de large. Les individus jeunes sont presque tous plus élevés par rapport à l'étendue de leur calice, et ils commencent par être bilobés dans la région supérieure.

Explication des figures. — Planche II, fig. 2. — *a*. Individu jeune, vu par une de ses faces et de grandeur naturelle. — *b*. Autre individu plus avancé en âge, bilobé ; de grandeur naturelle. — *c*. Individu adulte, de grandeur naturelle.

Trochosmilia? granifera, n. sp., pl. II, fig. 3 *a*, *b*.

Cette espèce et la suivante ne nous sont connues chacune que par un seul exemplaire dont le calice est empâté ; aussi nous rest-et-il quelque incertitude sur le genre auquel elles appartiennent. Le *T. granifera* est pédicellé, presque droit, turbiné, légèrement comprimé, presque aussi haut que large. Ses côtes sont assez fortes, bien distinctes dès la base où elles sont inégales de quatre en quatre ; près du calice, elles le sont partout de deux en deux ; elles sont formées par des séries simples de grains arrondis, rapprochés et saillants. Ces grains s'effacent seulement un peu dans la région supérieure où elles deviennent coupantes. Calice subelliptique ; le rapport de ses axes est comme 1 à 1 1/2. Cinq cycles complets. Cloisons minces, débordantes ; celles des trois premiers cycles peu inégales ; celles du quatrième petites ; celles du cinquième rudimentaires. Hauteur 2 centimètres ; grand axe du calice 2 1/2.

Explication des figures. — Planche II, fig. 3. — *a*. Individu de grandeur naturelle. — *b*. Portion de sa surface grossie.

Trochosmilia? tifauensis, nov. sp., pl. II, fig. 4.

Polypier assez élevé, comprimé, très fortement courbé dans le sens de son grand axe. Côtes très fines, très peu saillantes, peu distinctes à la base, obscurément granulées, un peu plus prononcées de quatre en quatre vers le milieu de leur hauteur. On en compte 192. Calice oblong, à bords un peu irréguliers ; ses axes sont dans le rapport de 1 à 2. Six cycles complets. Cloisons très minces, peu débordantes, celles des trois premiers cycles peu inégales, celles du dernier tout à fait rudimentaires. Hauteur 25 millimètres ; grand axe du calice près de 4.

Explication des figures. — Planche II, fig. 4. — Individu de grandeur naturelle, vu par l'une de ses faces.

RHABDOPHYLLIA SALSENSIS, nov. sp., pl. II, fig. 5 *a*, *b*.

Polypier dendroïde ; rameaux se bifurquant à des distances assez rapprochées et suivant un angle presque droit, un peu irréguliers, cylindroïdes ou comprimés, formant quelquefois des lames étroites. Côtes médiocrement serrées, alternativement inégales, peu saillantes, et ne prenant que sur certains points seulement l'apparence de petites crêtes. Les grains qui les constituent sont bien distincts, mais peu saillants et peu serrés. Sur les branches moyennes, les côtes sont au nombre de 32 ; ces branches ont ordinairement 7 millimètres de diamètre.

Explication des figures. — Planche II, fig. 5. — *a*. Un rameau de grandeur naturelle. — *b*. Portion de sa surface grossie.

CONCHIFÈRES.

TEREDO DESHAYESI, nov. sp., pl. VI, fig. 6, *a*, *b*.

Coquille ovoïde, globuleuse, très inéquilatérale, dilatée et bâillante en arrière, profondément échancrée dans la partie antéro-inférieure. Crochets arrondis, très recourbés. Surface des valves divisée en trois régions distinctes par leur forme et la direction de leurs stries. La région antérieure, en forme de quadrilatère irrégulier, à éléments curvilignes, est couverte de stries très fines, régulières et concentriques. Une strie filiforme, partant du crochet et aboutissant à l'angle rentrant de l'échancrure, la sépare de la région médiane. Celle-ci occupe une zone qui, des crochets, se dirige vers le bord inférieur, s'élargit un peu, et borde le second côté de l'échancrure. Ses stries, très obliques d'avant en arrière, beaucoup plus délicates encore que les précédentes, font avec elles un angle de 120 degrés. Elles se terminent, en s'infléchissant légèrement, à une bande étroite qui les sépare de la région postérieure. Cette bande, de 1/2 millimètre de largeur, n'est marquée dans le voisinage des crochets que par des stries transverses, continuation de celles de la région anale, mais plus bas, et jusqu'au bord inférieur, elles sont groupées par 6 ou par 8, et forment des chapelets disposés obliquement les uns au-dessous des autres dans la largeur même de la bande. (Cette disposition n'a pas été bien rendue dans la figure grossie, 6 *b*). Enfin la région postérieure, la plus grande des trois, et la plus irrégulière dans sa forme, est ornée de stries transverses très régulières, plus prononcées que celles des deux autres. Largeur, 6 millimètres; hauteur, 5; épaisseur des deux valves réunies, 5.

Observations. — Nous avions d'abord pensé à rapprocher cette coquille de certaines Pholades, parce que l'échancrure anguleuse antérieure nous avait paru le résultat d'une brisure, mais la certitude que nous avons acquise ensuite de son état d'intégrité nous a engagé à la placer parmi les Tarets. Elle diffère d'ailleurs trop complétement du *T. Requienianus*, Math. (*Cat. syst.*, pl. 10, fig. 5-7), pour qu'il soit nécessaire d'insister à cet égard.

Corbula striatula, Gold., p. 251, pl. 151, fig. 16 (*non* id., Sow., pl. 62, fig. 2, 3); *C. substriatula*, d'Orb., *Prodrome*, vol. II, p. 238. — tab. nost., pl. IV, fig. 15, *a*, 14, *a*, *b*.

Cette coquille, de la craie d'Aix-la-Chapelle, est assez variable, et la figure de la grande valve donnée par Goldfuss, identique avec plusieurs de nos échantillons, ne s'accorde cependant pas avec tous; aussi avons-nous fait représenter un de ceux dont la forme s'en éloigne le plus, et qui est alors assez voisin de la *C. angulata*, Sow., (*Transact. geol. Soc. of London*, 2e sér. vol. III, pl. 38, fig. 4) de la craie de Gosau. Nous ne connaissons point non plus la petite valve de cette espèce.

Var. *a*. Nous regardons comme une simple variété (fig. 14, *a*, *b*) une coquille plus petite, dont les stries sont plus délicates, et dont la forme se rapproche davantage d'un triangle équilatéral.

Corbula, indét.

Fragment d'une espèce très distincte des précédentes, et qui paraît avoir la plus grande analogie avec la *C. striata*, Lam., du calcaire grossier.

Tellina Venei, nov. sp., pl. III, fig. 1, *a*, 2.

Coquille sub-elliptique, très inéquilatérale, fort mince, déprimée, couverte de stries concentriques, fines, nombreuses, bien prononcées, presque régulières. Crochets petits, situés vers le quart antérieur de la coquille. Bords supérieur et inférieur presque parallèles; bord antérieur régulièrement arrondi ; bord postérieur également arrondi et un peu plus large que l'autre. Corselet linéaire ; nymphes étroites, très allongées; une dent cardinale bifide ; dents latérales imparfaitement connues. Largeur, 42 millimètres; hauteur, 21 ; épaisseur, 8. Quelques individus ont 45 millimètres sur 18.

Observations. — Cette coquille paraît être assez variable dans sa forme, et nous avons fait représenter, fig. 2, un individu sensiblement plus allongé que les autres. Sa forme solénoïde la rend voisine de la *Venus fragilis*, d'Orb. (*Pal. franc.*, pl. 385, fig. 11, 12), mais elle n'est point tronquée en arrière, elle est plus comprimée dans sa partie moyenne, le bord inférieur est droit, ou même un peu concave au lieu d'être convexe, la surface est également différente, d'après ce que dit M. d'Orbigny, qui ne donne point d'ailleurs les caractères intérieurs. Quant à la *Tellina pondicheriensis*, Forb. (*Transact. geol. Soc. of London*, vol. VII, pl. 18, fig. 15), elle a, quoique beaucoup plus petite, de l'analogie avec la nôtre, mais elle est trop incomplétement connue pour la regarder comme pouvant en être un individu jeune.

Tellina fragilis, nov. sp., pl. III, fig. 5.

Coquille transverse, sub-elliptique, inéquilatérale, légèrement et régulièrement bombée, mince, fragile. Côté antérieur faiblement tronqué vers le haut, arrondi vers le bas. Crochets très petits, situés vers le tiers de la largeur. Surface du test et caractères intérieurs inconnus. Largeur, 9 millimètres ; épaisseur, 2 1/2.

Observations. — Quoique les échantillons que nous avons sous les yeux soient peu complets, ils diffèrent assez des espèces jusqu'à présent décrites dans la formation crétacée, pour que nous ayons dû les faire représenter. Cette espèce diffère de la *T. Renauxii*, Math. (*Catal. méthod.*, etc., pl. 13, fig. 11) par la position des crochets qui sont sub-médians dans cette dernière, dont le pli postérieur est aussi très prononcé, tandis qu'il est à peine sensible dans la nôtre. Moins allongée que la *T. plana*, Ad. Roem., (pl. 9, fig. 19), elle rappelle par sa forme la *T. donacialis*, Lam., du calcaire grossier et des sables moyens, et l'*Arcopagia valdiviana*, d'Orb. (Foss. du voyage de l'*Astrolabe*, pl. 5, fig. 7, 8).

Lucina subpisum, nov. sp., pl. III, fig. 4.

Coquille petite, sub-orbiculaire, déprimée. Bord postéro-supérieur coupé un peu obliquement. Crochets très petits, dépassant à peine le bord supérieur. Test mince, uni. Largeur 11 millimètres, hauteur 10, épaisseur 3.

Observations. — Nous avons fait représenter cette espèce par le même motif que la précédente. Sa forme est celle de la *L. pisum*, J. de C. Sow., (in Fitt., pl. 16, fig. 14) des Blackdowns, mais sa surface est unie, sans stries ni plis. Elle a aussi quelque analogie avec la *L. albella*, Lam., du calcaire grossier.

Venus sublenticularis, nov. sp., pl. IV, fig. 13 *a*, *b*.

Coquille sub-lenticulaire, sub-équilatérale, déprimée, arrondie en avant, légèrement anguleuse et tronquée en arrière, couverte de stries concentriques, très délicates, très serrées, arrondies et régulières. Crochets petits, inclinés, d'où part un pli arqué, peu prononcé, qui se dirige vers l'angle postéro-inférieur. Corselet très étroit, assez profond; nymphes peu saillantes; lunule nulle. Lame cardinale étroite, munie sur la valve gauche, la seule que nous connaissions, de trois dents divergentes, une antérieure un peu écartée, une médiane plus petite, et une postérieure bifide, qui se prolonge le long du bord cardinal. Impression musculaire antérieure piriforme, la postérieure un peu plus grande; échancrure palléale étroite, assez profonde; impression du manteau parallèle au bord. Largeur, 29 millimètres; hauteur, 26; épaisseur des deux valves réunies, 10.

Observations. — Cette espèce diffère peu de l'*Arthemis lenticularis*, Forb. (*Transact. géol. Soc. of London*, 2e sér., vol. VII, p. 147, pl. 18, fig. 7), que nous ne savons pourquoi M. Alc. d'Orbigny (*Prodrome*, etc., vol. II, p. 241) a placée parmi les Lucines. Peut être même, si nous connaissions les caractères intérieurs de la coquille de Verdachellum, les deux espèces pourraient-elles être réunies? La nôtre se distingue seulement à l'extérieur par ses contours moins réguliers, sa forme plus transverse et quelquefois sub-polygonale.

Cardium subguttiferum, nov. sp., pl. III, fig. 3, *a*, *b*.

Coquille sub-ovalaire, à test mince, renflée, inéquilatérale, obliquement coupée en arrière, élargie ou dilatée en avant, et arrondic à son bord inférieur. Crochets très saillants et très recourbés. Surface couverte d'environ cinquante côtes rayonnantes, régulières, sub-égales, striées dans leur longueur et épineuses en avant. Moule montrant des impressions musculaires très prononcées. Bord crénelé. Largeur, 39 millimètres; hauteur, 45; épaisseur du moule, 33.

Observations. — Cette espèce, dont le test ne nous est qu'imparfaitement connu, se rapproche, par sa forme, du *C. guttiferum*, Math., (pl. 18, fig. 1, 2), mais il s'en distingue par la minceur comparative de son test, par le grand nombre et la finesse de ses côtes qui paraissent être striées. Les caractères de sa surface l'éloignent également du *C. Moutonianum*, d'Orb. (*Paléont. française*, pl. 248). — Dans ce *Cardium*, comme dans les suivants, la portion représentée du test ne montre jamais celui-ci avec ses vrais caractères, mais seulement tel que le laisse voir son état d'altération plus ou moins avancé.

Cardium corbierense, nov. sp., pl. III, fig. 6, *a*.

Coquille mince, sub-elliptique, renflée, sub-équilatérale. Bord antérieur arrondi; bord postérieur faiblement tronqué vers le haut, et présentant sur le moule, vers le quart de la coquille, une dépression, qui part du crochet, pour se diriger vers la jonction des bords postérieur et inférieur. Crochets proéminents, pointus, très recourbés sur la lame cardinale. Celle-ci est étroite et fort mince. La surface du test paraît être lisse ou très finement striée en travers. Peut-être des stries rayonnantes, très délicates, existaient-elles sur la partie postérieure? Bord crénelé. Impressions musculaires peu prononcées. Largeur, 18 millimètres; hauteur, 20; épaisseur, 14.

Observations. — Par sa forme générale, ce *Cardium* rappelle un peu le *C. ventricosum*, d'Orb. (*Paléont. franç.*, pl. 257, fig. 1, 3, *C. subventricosum*, id., *Prodrome*, vol. II, p. 163), dont on ne connaît aussi que des moules, mais il est plus régulier, moins oblique et moins renflé; ses crochets sont plus petits et ses impressions musculaires moins prononcées. Il est aussi plus allongé et plus régulier que le *C. altum*, Ed. Forb., (pl. 15, fig. 13) (jeune). L'altération du test nous fait douter s'il était ou non couvert en partie de stries ou de côtes rayonnantes.

Cardium atacense, nov. sp., pl. III, fig. 7 *a*, *b*.

Coquille sub-trigone, à angles très arrondis, sub-équilatérale.

Bord supérieur presque droit ; bord postérieur un peu tronqué ; bord antérieur arrondi, comme l'inférieur, et tous deux crénelés. Crochets assez recourbés et touchant le bord cardinal. Surface ne présentant probablement que des stries concentriques, ou des stries rayonnantes qui seraient excessivement fines. Dans la portion grossie (fig. 7 *b*), prise près du crochet, on a omis de marquer les points enfoncés au fond des sillons. Caractères intérieurs inconnus. Largeur, 30 millimètres ; hauteur, 33 ; épaisseur, 20.

Observations. — Comme les précédentes, cette espèce nous est donc encore imparfaitement connue, et nous ne l'avons fait figurer que parce que nous n'avons pu la rapporter à aucune de celles qui ont été jusqu'à présent décrites. Devra-t-elle être réunie à l'une de celles que nous avons déjà signalées? C'est ce qui semble douteux. La forme générale et les contours de celles-ci sont assez différents et assez nettement arrêtés, pour qu'on ne les regarde pas comme représentant les divers âges d'une même espèce ou comme n'offrant que des dissemblances individuelles. Le *C. atacense* rappelle assez la forme du *C. Requienianum*, Math., (pl. 18, fig. 6), mais ses bords antérieur et postérieur, plus dilatés, donnent à la coquille une forme plus trigone. L'altération des ornements de la surface ne permet pas de l'identifier avec le *C. Cotaldinum*, d'Orb., (pl. 242, fig. 1-4).

ARCA DUMORTIERI, nov. sp., pl. III, fig. 8, *a*, *b*, *c*, *d*.

Coquille mince, en quadrilatère irrégulier, assez bombée, très inéquilatérale. Bord antérieur formant un angle de 110 degrés avec la ligne cardinale, et arrondi à sa jonction avec l'inférieur. Bord postéro-supérieur dilaté formant un angle obtus avec le suivant prolongé, peu arqué et un peu flexueux. Crochets médiocres, très recourbés et situés vers le tiers antérieur. Une côte fort obtuse s'en détache, pour se diriger, en s'atténuant, vers l'angle postéro-inférieur. Surface couverte d'un réseau très fin, dû au croisement des stries d'accroissement fines et sub-égales par des stries rayonnantes, très délicates et très serrées ; un point enfoncé allongé marque leur jonction dans la région du bourrelet (fig. 8 *d*). Sur la partie antérieure de la valve droite, le grillage est beaucoup plus prononcé (fig. 8 *c*) que sur la valve gauche (fig. 8 *b*). Face du ligament assez étroite, portant trois sillons losangés. Lame cardinale mince, pourvue de dents sériales, médianes, petites, peu régulières, et de une ou deux dents latérales obliques. Largeur, 42 millimètres ; hauteur, 30 ; épaisseur, 28.

Observations. — Cette Arche, qui ressemble à l'*A. fibrosa*, Sow., (pl. 207, fig. 2), en diffère par la minceur de son test, sa forme moins globuleuse et plus transverse à tous les âges, par le peu d'épaisseur de la charnière, la petitesse des dents sériales, et le peu de largeur de la surface ligamentaire, enfin par ses dents latérales très courtes et peu nombreuses. Elle se rapprocherait de l'*A. Cornueliana*, d'Orb., (pl. 311, fig. 1-3), par les ornements de sa surface, mais son bord antérieur est plus rétréci, le bourrelet dorsal plus prononcé et moins étroit ; elle manque du pli situé entre ce bourrelet et le bord supérieur ; les dents latérales sont bien moins nombreuses, et les sillons placés en arrière des impressions musculaires beaucoup moins prononcées. La *Cucullæa d'Orbignyana*, Math. (pl. 20, fig. 1, 2), est moins transverse que l'*A. Dumortieri*, beaucoup plus épaisse, et ne paraît pas offrir le réseau de la surface de celle-ci. L'*A. alata*, id. (pl. 21, fig. 10), serait beaucoup plus déprimée que la nôtre, les crochets et le bourrelet moins saillants, les stries rayonnantes bien plus fortes ; le bord inférieur sinueux est aussi en rapport avec une dépression médiane, qui manque dans l'*A. Dumortieri*, d'ailleurs moins inéquilatérale. L'*A. gamana*, Forb. (pl. 16, fig. 3), dont la forme se rapproche de celle de cette dernière, paraît être lisse, et l'*A. Fontanieri*, d'Orb., (*Voyage de l'Astrolabe*, pl. 8, fig. 34, 35), est plus oblique ; son côté antérieur est moins dilaté ; ses crochets sont moins avancés ; le bourrelet est moins prononcé et le côté antérieur moins anguleux.

ARCA DUFRENOYI, nov. sp., pl. III, fig. 9, *a*, *b*.

Coquille rhomboïdale allongée, inéquilatérale, très transverse, renflée ; bord supérieur droit ; bord antérieur formant, avec le précédent, un angle de moins de 90°, arrondi à sa jonction avec le bord inférieur. Celui-ci, parallèle au supérieur, est fortement infléchi vers le milieu ; bord postérieur se réunissant au supérieur par un angle obtus, et à l'inférieur par un contour arrondi. Crochets petits, déprimés, très recourbés, divisés par un sillon qui s'élargit pour rejoindre l'inflexion du bord inférieur (ce sillon n'est pas assez senti dans le dessin) ; surface irrégulière, un peu bosselée, entièrement couverte d'un réseau quadrillé (fig. 9 *b*.) formé par les stries d'accroissement et les stries rayonnantes, inégales, souvent bifurquées. La région postérieure est nettement limitée par un pli au-delà duquel un ou deux autres plis sont séparés par des sillons larges et profonds. Surface ligamentaire très grande ne présentant qu'une strie oblique brisée sous le sommet. Largeur, 18 millimètres; hauteur, 9; épaisseur, 10.

Observations. — Cette espèce rappelle un peu l'*A. vendinensis* d'Orb. (pl. 215, fig. 4 - 6), mais toujours plus petite, elle est beaucoup plus épaisse, moins inéquilatérale, et les bords opposés sont parallèles. La dépression médiane est plus prononcée; les plis et les sillons de la région postérieure sont plus nettement accusés. Voisine par sa forme générale de l'*A. securis* d'Orb. (pl. 309, fig. 9, 10), elle en diffère par les ornements de sa surface. L'*A. propinqua*, Reuss (pl. 34, fig. 34), l'*A. Renauxiana*, Math. (pl. 21, fig. 9), et l'*A. radiata*, Gold. (pl. 138, fig. 2, Gein. pl. 20, fig 13, 14), n'ont avec la nôtre que des rapports plus éloignés.

NUCULA RAMONDI, nov. sp., pl. IV, fig. 16, *a*, *b*.

Coquille trigone, très inéquilatérale, arrondie en avant et en arrière; crochets droits assez proéminents, pointus, situés vers le quart antérieur des valves. Lame cardinale brisée presque à angle droit, garnie de dents sériales nombreuses qui s'étendent régulièrement d'une impression musculaire à l'autre. Celles-ci sont petites, égales, bien marquées, réunies par une impression palléale, semi-elliptique très régulière. Bord très finement crénelé. La surface du test paraît avoir été lisse ou marquée de simples stries d'accroissement. Largeur, 11 millimètres; hauteur en arrière des crochets, 8; épaisseur, 5.

Observations. — Quoique voisine de la *Nucula impressa*, Sow. (*Miner. conchol.*, pl. 475, fig. 3, *N. Renauxiana*, d'Orb. *Pal. franç.*, pl. 304, fig. 7, 9), elle s'en distingue par ses contours moins ovalaires, plus anguleux, par sa lame cardinale brisée, non arquée, par sa lunule peu apparente, tandis qu'elle est nettement circonscrite dans la coquille d'Uchaux et des Blackdowns.

PECTEN QUADRICOSTATUS, Sow. et auctorum, var. nov. tab. nost. pl. III, fig. 10 *a*, *b*.

Cette variété diffère du type de l'espèce par l'inégalité constante des trois côtes intermédiaires; tantôt celle du milieu est la plus forte, et les deux autres, plus petites, sont égales entre elles; tantôt l'une seulement de celles-ci est beaucoup plus petite que les deux autres. Les crochets semblent être aussi plus proéminents, plus avancés, plus recourbés, et toute la coquille dans son ensemble est plus étroite. Comme, suivant nous, on a déjà, dans ce groupe de Peignes, érigé en espèces de simples variétés en rapport seulement avec des différences de gisement, nous ne croyons pas que les caractères que nous venons de signaler puissent faire séparer tout à fait notre coquille du véritable *P. quadricostatus*.

GASTÉROPODES.

Bulla Palassoui, nov. sp., pl. IV, fig. 1, *a*, *b*.

Coquille cylindroïde, mince, à spire enfoncée, tronquée à sa partie supérieure, couverte seulement de stries d'accroissement simples. Bord droit légèrement arqué, un peu renversé à la base de l'ouverture qui est arrondie à sa jonction avec l'extrémité tordue du bord gauche. Pli columellaire simple, recouvrant un ombilic peu prononcé. Hauteur, 5 millimètres; diamètre, 2.

Observations.— Cette espèce, quoique voisine de la *B. cylindrica*, Brug., Desh. (pl. 5, fig. 10 - 12) du calcaire grossier, s'en distingue par sa forme plus cylindrique encore, par l'absence de stries transverses sur sa base, par la troncature supérieure de la spire ou mieux du dernier tour, presque perpendiculairement à l'axe, et par sa taille beaucoup plus petite. Elle diffère de la *B. cylindroides*, Desh. (pl. 5, fig. 22-24), aussi du calcaire grossier, par les mêmes caractères et par sa spire visible à l'intérieur. La *B. cretacea*, Müll. (*Monogr. der Petrefact. der Aachner Kreide*, pl. 3, fig. 4), est ornée sur toute sa surface de stries ponctuées transverses, et la *B. chilensis*, d'Orb. (*Voyage de l'Astrolabe*, pl. 4. fig. 13-15), porte également des stries transverses qui manquent sur la nôtre.

Bulla ovoides, nov. sp., pl. IV, fig. 2, *a*, *b*.

Coquille ovoïde, mince; spire probablement visible; bord droit se prolongeant un peu vers le haut et légèrement dilaté à la base; ouverture assez étroite, arquée, arrondie vers le bas; pli columellaire obsolète; surface ne paraissant offrir que des stries d'accroissement simples et peu prononcées. Hauteur 8 millimètres; diamètre 3 1/2.

Observations. — Quoique imparfaitement connue, cette espèce nous a paru différer assez de celles que l'on a signalées jusqu'à présent dans la formation crétacée pour la faire représenter. Elle a quelque analogie avec la *B. angistoma*, Desh. (*Coq. foss. des envir. de Paris*, vol. II, pl. 5, fig. 29-30), dont la spire est visible à l'intérieur, la forme plus ovoïde, et la base du dernier tour striée.

BULLA BAYLEI, nov. sp., pl. IV, fig. 9, *a*, *b*.

Coquille sub-cylindroïde, assez épaisse, allongée, renflée vers sa partie moyenne, et atténuée vers le haut. Spire visible à l'intérieur; bord droit un peu dilaté vers le bas; columelle inconnue; surface unie ou n'offrant que de faibles stries d'accroissement, excepté vers le haut du dernier tour qui est très finement et très régulièrement plissé. Hauteur, 15 millimètres; diamètre, 6.

Observations.— Quoique un peu plus large et plus épaisse, cette Bulle rappelle, par ses dimensions et surtout par les plis fins et nombreux de sa partie supérieure, la *B. coronata*, Lam., Desh. (pl. 5, fig. 18-20), du calcaire grossier. Peut-être la *B. ovoides*, dont le test est si altéré, n'en serait-elle qu'un individu jeune? C'est ce que de meilleurs échantillons pourront seuls décider.

NATICA BULBIFORMIS, Sow. in Sedgwick et Murchison, *Transact. geol. Soc. of London*, 2e sér. vol. III, pl. 38, fig. 13. — (Moule), tab. nost. pl. IV, fig. 12.

Nous avons fait représenter un moule provenant d'un individu fort allongé, et que l'on aurait pu attribuer à une espèce différente, si nous n'avions comparé des formes intermédiaires qui le rattachent évidemment aux individus moins élancés qui sont les plus communs. La ressemblance de ce moule avec celui de la *N. prælonga*, Desh. in Leym., des calcaires néocomiens, pourrait faire présumer que le test de cette dernière n'était pas non plus fort éloigné de la *N. bulbiformis*.

NATICA ORBIGNYI, nov. sp., pl. IV, fig. 11.

Coquille ovoïde, composée de cinq tours faiblement aplatis le long de la suture; le dernier ventru, élargi à sa base et formant presque les trois quarts de la hauteur totale. Surface presque lisse, ou ne montrant que des stries d'accroissement fines très rapprochées. Ouverture ovalaire, rétrécie à son angle supérieur, dilatée et arrondie à sa base, qui paraît être un peu versante. Une large callosité appliquée sur le bord gauche, depuis l'angle supérieur de l'ouverture, masque, en partie, un ombilic peu profond. Hauteur, 57 millimètres; diamètre du dernier tour, 40.

Observations.—Cette espèce paraît être fort voisine de la *N. bulimoïdes*, d'Orb. (*Paléont. franç.*, pl. 172, fig. 2-3; *Ampulla-*

ria, id., Desh., (in Leym., pl. 16, fig. 9); *N. allaudiensis*, Math., pl. 38, fig. 17), mais elle s'en distingue par sa forme générale plus courte, l'ouverture et le dernier tour beaucoup plus hauts relativement au reste de la spire, et par la rampe qui accompagne la suture. Elle diffère de la *N. bulbiformis* par sa spire plus courte, moins acuminée, ses tours moins nombreux non canaliculés, moins anguleux, par le dernier beaucoup plus renflé et plus court, par son ouverture plus large, moins prolongée à la base. Elle diffère par les mêmes caractères de la *N. Requieniana* (voyez *anté*, p. 192). Nous ne supposons pas que ce puisse être la *N. Toucasana*, d'Orb. (*Prodrome*, etc., vol. II, p. 192), dont la spire est, d'après l'auteur, *plus étroite* que celle de la *Natica vulgaris*, Reuss. (*Die Verstein. der Böhm. Kreideform.*, pl. 10, fig. 22) déjà plus élancée que la nôtre. D'ailleurs, cette manière de prendre date pour la désignation d'une espèce, en insérant seulement son nom dans un catalogue général, n'a aucune valeur scientifique, et ne peut constituer un droit réel de priorité pour son auteur.

Ringicula Verneuili, nov. sp., pl. IV, fig. 3, *a*, *b*.

Coquille ovalaire, pointue au sommet, composée de cinq tours, le dernier très renflé, formant à lui seul les deux tiers de la hauteur totale ; suture sub-canaliculée ; surface couverte de stries décurrentes, régulières, plus rapprochées vers le sommet et la base du dernier tour qu'au milieu. Bord droit arqué, muni d'un bourrelet fort épais, qui, partant de la suture, se prolonge jusqu'à la base de l'ouverture, marqué en dehors de stries d'accroissement, lisse à sa face antérieure et crénelé à son bord interne. Ouverture très étroite vers le haut, élargie à sa partie moyenne, rétrécie de nouveau par un pli de la columelle, et se terminant par un canal très court, peu profond, coupé obliquement en arrière. Bord gauche revêtu d'une épaisse callosité depuis sa jonction avec le bord droit, et muni, vers le bas, de deux plis très prononcés ; le second borde le canal et recouvre l'extrémité du bourrelet du bord droit. Hauteur, 6 millimètres ; diamètre, 4.

Observations. — Cette espèce qu'il serait bien facile de confondre avec la *R. ringens*, Desh. (*Auricula*, *id.*, Lam., Desh., vol. II, pl. 8, fig. 16-17), n'en diffère, en réalité, que par les stries de la surface moins nombreuses, moins serrées et moins régulièrement espacées, par les crénelures internes du bord droit moins fines, par le canal de la base moins profond, et faisant ainsi une sorte de passage au genre *Ringinella*, si toutefois ce dernier peut être conservé. C'est, d'ailleurs, la première espèce signalée dans la formation crétacée.

Tornatella Beaumonti, nov. sp., pl. IV, fig. 4, *a*, *b*.

Coquille ovoïde, composée de cinq tours, le dernier formant les trois quarts de sa hauteur totale, couverte de stries transverses régulières. Spire courte; suture bien marquée. Ouverture assez grande, dilatée à la base et un peu versante. Bord droit mince, s'arrondissant régulièrement vers le bas pour s'unir au bord gauche. Celui-ci, d'abord simple, est ensuite occupé par un pli de la columelle, au delà duquel il s'épaissit et recouvre en partie un petit ombilic. Hauteur, 6 millimètres; diamètre du dernier tour, 4.

Observations. — Cette espèce ne diffère de la *T. inflata*, Fér. Desh. (vol. II, pl. 24, fig. 5, 6), que par sa forme générale un peu plus courte, son dernier tour plus grand par rapport au reste de la spire, et par l'épaisseur de son test. La surface de celui-ci, un peu altérée, ne laisse voir que les traces de stries transverses à peine plus prononcées que dans sa congénère.

Tornatella Charpentieri, nov. sp., pl. IV, fig. 5, *a*, *b*.

Coquille subcylindrique, composée de cinq tours, le dernier formant les trois quarts de la hauteur totale de la spire dont le sommet est obtus. Des stries transverses, fines, nombreuses, égales, équidistantes, couvrent toute la surface. Ouverture incomplète, Hauteur, 5 millimètres; diamètre, 2.

Observations. — Malgré le mauvais état du seul échantillon que nous avons sous les yeux, nous avons dû le faire connaître, parce qu'il diffère assez de toutes les Tornatelles décrites, pour qu'il doive appartenir à une espèce distincte. Nous ne le plaçons, d'ailleurs, qu'avec doute dans ce genre, les caractères de la base de l'ouverture n'étant pas aussi nettement accusés que le dessin les représente.

Trochus Lapeyrousei, nov. sp., pl. IV, fig. 10, *a*.

Coquille régulièrement conique, composée de huit tours plats, sub-carénés à la base; ornés de quatre cordelettes transverses, équidistantes, coupées par des plis obliques, égaux, également espacés, produisant un grillage, dont les vides sont des rhombes.

Au-dessus de la cordelette supérieure règne, le long de la suture, une dépression ou canal peu profond sur lequel se prolongent les plis transverses, qui s'y terminent par un tubercule obsolète. (Dans le dessin, cette rangée de tubercules a été omise, et le canal est trop profond.) La bandelette inférieure, plus prononcée que les autres, porte des tubercules épineux, inclinés d'arrière en avant, et dont l'espacement est double de celui des plis obliques. (Ces tubercules sont trop nombreux dans le dessin). Ces ornements se modifient sans doute un peu sur le dernier tour, comme vers le haut de la spire, où ils sont moins nettement accusés. Base et ouverture imparfaitement connues. Hauteur, 18 millimètres ; diamètre de la base, 13.

Observations. — Cette espèce a quelque analogie avec le *T. Marcaisi*, d'Orb. (pl. 186 *bis*, fig. 19) ; mais sa forme moins élancée, ses tours moins hauts, plus nombreux, la rangée d'épines de la base des tours et le canal décurrent du sommet, sont des caractères qui l'en distinguent suffisamment.

Turritella Prevosti, nov. sp., pl. IV, fig. 6, *a*.

Coquille en cône très allongé, composée de quinze à seize tours convexes, séparés par un canal assez large et profond qui accompagne la suture, ornés de quatre stries (quelquefois cinq sur les deux derniers), dont l'inférieure est simple, et les trois autres très finement granuleuses. Tantôt la strie simple, un peu plus saillante, donne à l'ensemble de la spire un aspect imbriqué, tantôt, c'est la seconde et la troisième, et les tours sont alors plus arrondis. Base du dernier, striée; ouverture carrée, imparfaitement connue. Hauteur présumée, 16 millimètres; diamètre de la base, 5.

Observations. — Cette petite espèce, dont les fragments sont très abondants, se rapproche tellement de la *T. uchauxiana*, d'Orb. (pl. 151, fig. 21-23), que peut-être, lorsqu'elle sera mieux connue, n'en constituera-t-elle qu'une variété *minor*. Elle s'en distingue, quant à présent, par la strie inférieure toujours simple, sa moindre saillie et le méplat qui l'accompagne moins prononcé, par les stries granuleuses 2 et 3, qui, plus élevées, rendent les tours plus arrondis, enfin, par sa taille toujours moindre. Dans la *T. Fittonana* de Munst., Gold. (pl. 197, fig. 10), et Zek. (*Die Gasterop. der Gosaugeb.*, pl. 1, fig. 7), les quatre stries principales sont granuleuses, et les stries intermédiaires, qui manquent dans la nôtre, le sont également. La *T. marticensis*, Math. (pl. 39, fig. 16), fort incomplète d'ailleurs, porte cinq stries granuleuses, et sa taille est beaucoup plus grande.

CERITHIUM BARRANDEI, nov. sp., pl. IV, fig. 7, *a*, 8.

Coquille conoïde, à arêtes légèrement convexes, composée de tours nombreux, plats et même un peu concaves, ornés dans le tiers supérieur d'une rangée de granulations margaritiformes (14 sur le troisième avant dernier tour), espacées, occupant une bandelette qui accompagne la suture, et dans les deux autres tiers de plis longitudinaux, arqués, formés par des séries de trois granulations moindres que les précédentes, mais dont l'inférieure est toujours la plus forte. Ces séries, plus nombreuses que les granulations de la bandelette supérieure, ne leur correspondent point exactement. Toute la surface de la coquille est couverte, en outre, de stries filiformes très délicates. Dans quelques individus, et particulièrement sur les derniers tours, la disposition ternaire des granulations tend à se modifier; quelques-unes, irrégulières, s'insèrent entre les séries normales, et dans celles-ci la granulation inférieure est presque aussi grosse que celle de la bandelette. Les rangées supérieures et inférieures sont alors réunies par quatre petites granulations disposées deux à deux dans l'intervalle (fig. 8). Cette modification paraît entraîner avec elle la présence de quelques varices disposées irrégulièrement sur chaque tour. L'une d'elles se montre constamment sur le dernier, à l'opposé de l'ouverture. Sur ce même tour, les granulations inférieures sont petites, égales, serrées et traversées par les stries filiformes qui couvrent toute la base de la coquille. Canal court imparfaitement connu; ouverture, *idem*. Hauteur présumée, 45 millimètres; diamètre du dernier tour, 14.

Observations. — Cette espèce, qui n'est pas sans analogie avec certains Cérites tertiaires, a plus d'affinité encore avec le *C. pustulosum*, Sow. (in Sedgw. et Murch. pl. 39, fig. 19; *id.* Gold., pl. 174, fig. 8; *id.* Zek., pl. 19, fig. 4, 5); mais dans ce dernier les rangées de granulations se correspondent toujours de haut en bas sur chaque tour; la rangée supérieure ne constitue pas une bandelette occupant le tiers de la hauteur, et ses granulations un peu allongées sont en même nombre, tandis que dans notre espèce, elles sont plus espacées, moins nombreuses et margaritiformes. En outre, dans la coquille de Gosau, chaque strie granuleuse est séparée par deux stries simples, et la rangée inférieure est formée de granulations pliciformes, allongées et obliques. Les deux espèces se rapprochent d'ailleurs par leur forme générale.

Fusus cingulatus, Sow., in Sedgw. et Murch. (*Transact. geol. soc. of London*, vol. III, pl. 39, fig. 27); *id.* Zek. (*Die Gasterop der Gosaugeb.*, *Abhandl. der K. K. geol. Reichs.*, vol. I, pl. 17, fig. 7, 1852); — tab. nost. pl. V, fig. 1.

Les figures données jusqu'à présent de cette coquille de la craie du Salzbourg étant fort incomplètes, nous avons cru devoir faire représenter un échantillon plus satisfaisant, d'autant plus que ce Fuseau, très répandu dans les marnes bleues, n'avait pas encore été signalé en France.

Fusus Dumortieri, nov. sp., pl. V, fig. 3, *a*.

Coquille fusiforme, également atténuée à ses extrémités, composée de sept tours convexes (le dessin n'en indique à tort que 5), le dernier presque égal aux deux tiers de la hauteur totale, bordés à la partie supérieure par un cordon granuleux, épais, dont les granulations se continuent sur le reste des tours par un pli légèrement arqué, descendant jusqu'à la suture; sur le dernier tour ces plis inégaux se prolongent en s'infléchissant jusqu'à la base du canal. Ouverture étroite, allongée, se terminant en haut par un angle fort aigu, et se prolongeant vers le bas par un canal un peu contourné à son extrémité. Bord droit mince, un peu arqué; bord gauche excavé au milieu (plus que dans le dessin), flexueux ensuite le long du canal. Hauteur, 28 millimètres; diamètre du dernier tour, 9.

Observations. — Cette espèce ne diffère réellement que par sa forme et ses proportions relatives du *F. cingulatus*, car les ornements de sa surface sont absolument les mêmes.

Fusus Leymeriei, nov. sp., pl. V, fig. 2, *a*.

Coquille fusiforme, très allongée, également atténuée à ses extrémités; spire acuminée, composée de dix tours couverts de côtes ou plis larges, très saillants et comme pincés à la partie supérieure le long de la suture. On en compte douze sur l'avant-dernier tour. Ils se prolongent en s'atténuant sur la base du dernier, s'infléchissant légèrement pour accompagner le canal presque jusqu'à son extrémité. Bord droit un peu flexueux; ouverture très allongée, rétrécie à sa partie supérieure, et se prolongeant à sa base par un canal droit. Bord gauche simple. Hauteur, 18 millimètres; diamètre du dernier tour, 6.

Observations.— Cette espèce ressemble beaucoup au *F. Decheni*, Müll. (*Monogr. der Petrefact. der Aachener Kreideform.*, pl. 5, fig. 16) des environs d'Aix-la-Chapelle, cependant le canal est moins prolongé, la spire plus acuminée, les tours sont plus nombreux, les plis moins arqués et plus saillants à leur sommet, les tours moins concaves et moins hauts.

Fusus Humberti, nov. sp., pl. V, fig. 4, *a*.

Coquille fusoïde, un peu ventrue vers le milieu, très pointue au sommet, faiblement atténuée vers la base, composée de six tours peu convexes, couverts de plis réguliers, droits, se détachant à la partie supérieure pour accompagner la suture d'une sorte de couronne, et se prolonger sur la base du dernier tour où ils s'affaiblissent et se terminent le long du canal. Ouverture ovale, allongée, se continuant par un canal assez large, mais peu prolongé; bord droit simple, peu arqué; bord gauche également simple. Hauteur, 12 millimètres; diamètre du dernier tour, 5.

Observations. — Ce fuseau, voisin du précédent dont il sera peut-être reconnu comme une simple variété, lorsqu'on aura comparé un plus grand nombre d'individus bien conservés, s'en distingue, quant à présent, par sa forme générale beaucoup plus courte, plus renflée, par sa spire sub-turriculée, son ouverture et son canal proportionnément plus larges, par ses plis plus nombreux, plus serrés et moins épais. Il se rapproche aussi du *F. Noeggerathi*, Müll. (loc. cit. pl. 5, fig. 20) des environs d'Aix-la-Chapelle, et il ne serait pas impossible que plus tard ces quatre espèces se réduisissent à deux.

Fusus salsensis, nov. sp., pl. V, fig. 5, *a*, *b*.

Coquille fort petite, fusoïde, composée de cinq tours peu convexes; les premiers très surbaissés, le dernier formant à peu près la moitié de la hauteur totale, couverts de plis droits, serrés, réguliers, arrondis à la partie supérieure et bordant la suture d'une rangée de granulations. Ouverture imparfaitement connue. Canal peu prolongé. Hauteur, 4 millimètres; diamètre du dernier tour, 2.

Observations. — Quoique cette espèce se rapproche encore des précédentes par les ornements de sa surface, sa forme est tellement différente qu'il est impossible de la regarder comme un individu jeune ou une variété.

Fusus Rollandi, nov. sp., pl. V, fig. 6, *a*, *b*, *c*.

Coquille extrêmement allongée, composée de six tours, hauts et presque plats, très obliquement enroulés, le dernier un peu plus grand que la moitié de la hauteur totale; ces tours sont crénelés le long de la suture et probablement couverts, en totalité, d'un grillage délicat résultant du croissement des stries transverses et longitudinales qui régnaient jusqu'à la base. Ouverture élargie en haut, très allongée ensuite, à bords presque parallèles, et se continuant par un canal un peu recourbé, dont l'extrémité n'est pas connue. Bord droit à peine infléchi au milieu et à la base; bord gauche concave vers sa partie moyenne. Hauteur, 8 millimètres; diamètre du dernier tour, 2 1/2.

Observations. — Cette espèce, remarquable par sa petitesse et son étroitesse, rappelle le *F. angustus*, Desh. (vol. II, pl. 76, fig. 91) du calcaire grossier, et surtout la *Mitra cancellata*, Sow. (in Sedgw. et Murch., pl. 39, fig. 30) de la craie de Gosau et d'autres localités. Les ornements de sa surface que nous ne connaissons encore qu'imparfaitement, la rapprocheraient aussi de cette dernière, mais outre des dimensions différentes, la forme du canal et surtout le manque de plis à la columelle, ne permettent pas de la placer ailleurs qu'avec les Fuseaux. La présence de ce dernier caractère a dû, au contraire, faire ranger parmi les Mîtres une coquille de la craie de Vaels (*Mitra nana*, Müll.) dont les dimensions rappellent un peu la nôtre.

Fusus Haimei, nov. sp , pl. V, fig. 7, *a*, 8 *a*.

Coquille fusoïde, également atténuée à ses extrémités et renflée au milieu. Spire conique, composée de six tours convexes, portant six côtes ou bourrelets un peu arqués, très élevés, tranchants, fort espacés, formant, par leur succession, autant de séries longitudinales obliques et traversées par sept ou huit cordelettes que les stries d'accroissement rendent granuleuses. Celles-ci couvrent également la base du dernier tour, sur laquelle les côtes ne se prolongent pas. Ouverture ovalaire; bord droit mince, faiblement arqué; bord gauche tordu à sa base. Canal court et légèrement recourbé en arrière. Hauteur, 22 millimètres; diamètre du dernier tour, 10.

Observations. — Voisin des *F. polygonus*, Lam., Desh. (vol. II, pl. 71, fig. 5-6) et *polygonatus*, Al. Brong. (pl. 4, fig. 4) du terrain tertiaire inférieur, le nôtre s'en distingue par ses côtes plus tranchantes et plus allongées, par ses cordelettes transverses plus prononcées, par sa spire un peu plus courte, son ouverture plus étroite, son canal moins épais, plus allongé, plus resserré à la base, son bord gauche dépourvu d'une large callosité, et son bord droit plus mince. La forme de ses côtes l'éloigne aussi du *F. ovatus*, Alex. Rou. (*Mém. de la Soc. géol.*, 2e sér., vol. III, pl. 17, fig. 12) des couches nummulitiques de Bos d'Arros, mais elle rappelle un peu celle du *F. Lejeunei*, id. (*ib.*, pl. 18, fig. 7) de la même localité.

Var. *a*, fig. 8, *a*. Nous distinguons, à titre de variété, une coquille moins renflée au milieu que la précédente, dont les côtes ou plis sont moins saillants et forment aussi des séries longitudinales obliques, mais dont les autres caractères sont trop semblables pour que nous puissions la regarder, quant à présent, comme constituant une espèce différente. Sa forme rappelle celle du *F. squamulosus*, Desh. (vol. II, pl. 73, fig. 6, 7), et du *F. Pillæ*, Alex. Rou. (pl. 17, fig. 1), tous deux du terrain tertiaire inférieur. Le *F. Haimei* est une de ces espèces qui viennent se placer à la limite des Fuseaux et des Rochers.

Fusus? subrenauxianus, nov. sp., pl. V, fig. 10, *a*.

Fragment d'une assez grande espèce, dont les derniers tours portent sept grosses côtes se prolongeant en pointes vers leur milieu, et traversées par de nombreuses cordelettes. Elle rappelle les *F. Dupinianus*, d'Orb. (pl. 222, fig. 6), du gault, *Renauxianus*, id. (pl. 223, fig 10), d'Uchaux, et *subcarinatus*, Lam., var. *a*, Desh. (pl. 77, fig. 7, 8), du terrain tertiaire inférieur. La non-correspondance des tubercules et leur inégalité pourront peut-être faire placer, plus tard, cette coquille parmi les Tritons.

Rostellaria pyrenaica, d'Orb., *Paléont. franç.*, vol. II, pag. 295, pl. 210, fig. 3 ; — tab. nost., pl. V, fig. 9, *a*.

La description et la portion de cette coquille, données par M. Alc. d'Orbigny, sont exactes, mais ne la font connaître que très imparfaitement, l'auteur n'ayant eu qu'un échantillon incomplet. Ceux qu'a recueillis M. Dumortier permettent de la reconstruire entièrement et d'en caractériser plusieurs parties importantes. Ainsi, le dernier tour subcaréné, loin d'être presque lisse (*sublævigato*), est jusqu'à la base couvert de cordelettes transverses et de plis longitudinaux déterminant à leur rencontre des granulations obtuses. Le canal droit et mince est très prolongé ; l'ouverture est étroite, oblique, à bords un peu flexueux, sub-parallèles ; le bord gauche est muni d'une épaisse callosité qui, d'une part, accompagne le canal, et, de l'autre, remonte jusqu'au sommet de la spire, en se soudant à celle du bord droit. Celui-ci se prolonge et s'étend à angle droit de la spire pour constituer une lame penniforme, dont l'axe est la continuation de la carène du dernier tour, et qui se dilate ensuite vers le bas en se recourbant fortement en haut, et affectant une disposition falciforme. Le canal intérieur se prolonge en un sillon étroit jusqu'à une petite distance de la pointe. Cette partie de la coquille ressemble donc à celle du *R. securifera*, Forb. (*Transact. geol. soc. of London*, vol. VII, p. 128, pl. 13, fig. 17), que nous avons retrouvé dans la même couche, mais qui, comme nous l'avons dit, en est très distinct par ses dimensions, sa forme générale et les ornements de ses tours. Peut-être le *R. pyrenaica* ne serait-il que le *R. gralata*, Sow. (in Sedgw. et Murch., pl. 38, fig. 23), de Gosau. Ainsi reconstruit, il a aussi beaucoup d'analogie avec le *R. Requieniana*, d'Orb. (*Pal. franç.*, pl. 209, fig. 3-4).

ROSTELLARIA LÆVIUSCULA, Sow., in Sedgw. et Murch. (*Transact. geol. Soc. of London*, 2ᵉ sér., vol. III, pl. 38, fig. 24, 1832) ; *id.* Zekeli (*Abhandl. der K. K. geol. Reichs.*, vol. I, pl. 12, fig. 2. 1852) ; — tab. nost., pl. VI, fig. 2, *a*.

Cette espèce de Gosau, très commune dans les marnes bleues, n'a encore été, comme la précédente, qu'imparfaitement décrite et représentée. Les plis ne se prolongent pas sur le dernier tour, à la base duquel règnent seules les stries tranverses, fines, régulières, égales et un peu ondulées. L'ouverture est allongée, triangulaire, à angles très aigus ; le bord gauche est revêtu d'une large callosité saillante qui, partant de sa jonction avec le bord droit, s'étend sur la base de la coquille, puis sur le canal. Le bord droit, qui part seulement du milieu de l'avant-dernier tour, se dilate jusqu'à la hauteur de la carène, pour se prolonger alors en ligne droite, accompagné en dessous d'une expansion aliforme, semblable à celle de dessus et qui rejoint le canal en se rétrécissant aussi de plus en plus. Cette aile se termine en pointe très aiguë. Le canal est fort étroit, mince, un peu arqué en arrière. Lorsqu'on ne voit pas le dernier tour, cette espèce ressemble au *R. granulosa*, Müll., de la craie de Vaels, près d'Aix-la-Chapelle.

ROSTELLARIA TIFAUENSIS, nov. sp., pl. VI, fig. 4, *a*.

Coquille pupiforme, composée de six tours très convexes, à suture profonde, carénés au milieu, avec deux stries granuleuses, l'une au-dessus, l'autre au-dessous de la carène (les granulations ont été omises dans le dessin). Ces tours sont couverts de plis très délicats, très réguliers, très serrés, arqués, partant de la suture et joignant la carène après laquelle ils inclinent en avant pour atteindre la base du tour. Ces ornements s'atténuent, puis disparaissent sur le dernier tour. Les bords de l'ouverture nous sont inconnus, mais on peut voir que leurs expansions calleuses remontaient presque jusqu'au sommet de la spire. Hauteur jusqu'à la base du dernier tour, 14 millimètres ; diamètre de celui-ci, 7.

Observations. — Par la forme de la spire et les ornements de la surface, cette espèce, dont l'ouverture, le canal et l'expansion aliforme restent encore à caractériser, est assez distincte de toutes celles qui ont été décrites jusqu'à présent. Le *R. cancellata*, Forb. (pl. 13, fig. 18), de Pondichéry, est le seul qui ait quelque analogie avec le nôtre.

ROSTELLARIA CORBIERENSIS, nov. sp., pl. VI, fig. 3, *a*.

Coquille composée de tours nombreux, arrondis, peu élevés, couverts de plis arqués, un peu flexueux, réguliers, au nombre de 19 sur le dernier, vers la base duquel ils ne se continuent pas. Ouverture presque ronde. Canal droit, fort étroit et sans doute peu prolongé. Bord droit inconnu ; l'expansion aliforme remontait assez haut le long de la spire.

Observations. — Quoique bien incomplet, car l'altération du test, dont la surface était couverte de stries fines et nombreuses, passant sur les plis, s'ajoute à la mutilation des autres parties, le seul échantillon que nous connaissions de cette espèce nous a paru assez différent de toutes celles qui ont été décrites, pour mériter d'être mentionné ici.

ASSISE DES CALCAIRES A ÉCHINODERMES (N° 8).

ÉCHINODERMES.

HEMIASTER DESORI, nov. sp., pl. II, fig. 6, *a*, *b*.

Nous avons longtemps hésité à séparer ce spatangide de l'*Hemiaster bufo*, Des., dont il se rapproche beaucoup par sa forme générale et par l'ensemble de ses caractères : il est possible que ce ne soit qu'une variété de cette espèce. Cependant nos exemplaires des Bains de Rennes diffèrent, sous plusieurs rapports, de ceux qui ont reçu jusqu'à présent le nom de *bufo*. Ils sont un peu moins élevés postérieurement, et leurs ambulacres latéraux sont plus longs, plus étroits, plus profonds, plus droits et beaucoup plus rapprochés des postérieurs. Leur diamètre antéro-postérieur, à peu près égal à leur largeur, est d'environ 2 centimètres.

Pl. II, fig. 6. — *a*. Un exemplaire, vu de profil. *b*. Le même, vu en dessus.

CONCHIFÈRES.

CYPRINA ? BOISSYI, nov. sp., pl. VI, fig. 5, *a*.

Coquille (moule) sub-quadrilatère, à bords supérieur, postérieur et inférieur flexueux et légèrement convexes ; l'antérieur arrondi. Angle postéro-supérieur arrondi, l'inférieur très prononcé. Crochets terminaux, très recourbés en avant, et presque sur la ligne de l'angle antéro-inférieur. Un bombement très arrondi, partant des crochets, rejoint le bord inféro-postérieur, en décrivant une large courbe. Impressions musculaires antérieures, petites, arrondies, peu prononcées ; les postérieures inconnues. Largeur, 42 millimètres ; hauteur, 45 ; épaisseur, 36.

Observations. — Le moule que nous avons fait figurer est celui dont les dimensions et la forme nous ont paru être le plus normales, mais on en trouve dans la même couche, qui sont moins grands, plus carrés, moins dilatés à la partie postéro-supérieure, dont le bourrelet médian est moins prononcé, dont les crochets sont moins renflés et moins recourbés sur le bord antérieur. Il y en a d'autres, au contraire, plus déprimés dans toutes leurs parties. Ces différences ne traduisent certainement pas des différences correspondantes dans les coquilles, mais résultent de déformations éprouvées par les moules avant leur consolidation. Il faudra des échantillons plus nombreux, pour qu'on puisse fixer définitivement les caractères de ces derniers, très répandus dans les calcaires gris brunâtre, compactes, de cette assise.

GASTÉROPODES.

Pleurotomaria Michelini, nov. sp., pl. VI, fig. 1.

Coquille conique, composée de huit à dix tours très peu convexes, ornés de huit cordons granuleux, sub-égaux, séparés par des sillons profonds, d'inégale largeur. Les granulations ou plis courts, sub-égaux, équidistants, qui couvrent ces cordons, sont allongés perpendiculairement, et comme pincés au milieu. La bandelette du sinus, fort étroite, correspond au troisième sillon, à partir de la suture. Base du dernier tour peu convexe, largement sillonnée comme la spire et probablement sub-ombiliquée. Ouverture ovale allongée, déprimée, étroite. Bord droit pourvu d'un sinus linéaire peu profond. Bord columellaire un peu dilaté et flexueux. Hauteur, 80 millimètres; diamètre de la base, 83.

Observations. — Cette coquille remarquable se distingue facilement de toutes les espèces jusqu'à présent décrites dans la formation crétacée. Celle du genre dont elle se rapprocherait le plus, tant par sa forme que par les ornements de sa surface, est le *P. concava*, Desh. (pl. 32, fig. 1, 2, 3), du calcaire grossier des environs de Paris, dont les dimensions sont moindres de plus du tiers, dont l'angle apicial est plus aigu, la spire, par conséquent, plus élancée, et le sinus beaucoup plus profond. Peut-être y trouverions-nous encore d'autres différences si l'ouverture nous était mieux connue.

Cerithium rennense, nov. sp., pl. VI, fig. 7.

Coquille (moule) turriculée, composée de quatorze ou quinze tours légèrement convexes et peu séparés à la base; plus arrondis et plus détachés, au contraire, vers le milieu et le sommet de la spire. Dernier tour régulièrement arrondi à sa partie inférieure. Ouverture ovalaire, imparfaitement connue, se prolongeant par un canal également brisé et mal déterminé. Hauteur, 100 millimètres; diamètre de la base, 33.

Observations. — La forme et les dimensions de ce moule, tout imparfait qu'il est, nous ont engagé à le représenter. Ce n'est, d'ailleurs, que provisoirement et avec doute que nous le plaçons parmi les Cérites.

FIN.

www.ingramcontent.com/pod-product-compliance
Ingram Content Group UK Ltd.
Pitfield, Milton Keynes, MK11 3LW, UK
UKHW021951260726
13994UKWH00004B/1672